“创意与思维创新”
数字媒体艺术专业新形态精品系列

微课版

H5设计
商业实战案例教程

张婷◎编著

人民邮电出版社
北京

图书在版编目（CIP）数据

H5 设计商业实战案例教程 ：微课版 / 张婷编著.
北京 ：人民邮电出版社，2025. -- （“创意与思维创新”数字媒体艺术专业新形态精品系列）. -- ISBN 978-7-115-66308-5

Ⅰ. TP312.8

中国国家版本馆 CIP 数据核字第 2025ZJ8272 号

内 容 提 要

本书是以易企秀软件为技术基础，讲解 H5 设计相关知识的专业教材。本书共 7 章：第 1 章为 H5 设计概述，包括 H5 营销的优势、H5 的应用方向和渠道、H5 的常见类型等内容；第 2 章讲解易企秀软件，包括易企秀简介、认识易企秀 H5 编辑器、作品尺寸与屏幕适配等内容；第 3～6 章讲解创建静态、动态 H5 的方法，H5 制作的高级功能应用，爆款 H5 页面设计，H5 创意互动设计等内容；第 7 章用 4 个综合实战案例，帮助读者了解 H5 完整的设计流程，并学习如何应用所学知识。

本书可作为本科院校和高职院校数字媒体技术、数字媒体艺术和新媒体艺术等相关专业的教材，也适合从事 H5 相关工作的各类设计师学习。

◆ 编　　著　张　婷
责任编辑　韦雅雪
责任印制　胡　南

◆ 人民邮电出版社出版发行　　北京市丰台区成寿寺路 11 号
邮编　100164　　电子邮件　315@ptpress.com.cn
网址　https://www.ptpress.com.cn
雅迪云印（天津）科技有限公司印刷

◆ 开本：787×1092　1/16
印张：12　　　　2025 年 7 月第 1 版
字数：344 千字　　　　2025 年 7 月天津第 1 次印刷

定价：69.80 元

读者服务热线：(010)81055256　印装质量热线：(010)81055316
反盗版热线：(010)81055315

前言

自2014年微信让H5走进大众视野之后，各种无须编程的在线H5页面制作工具不断涌现。经历了近几年的发展，目前的H5设计软件大致分为两大阵营：简易模板类和专业工具类。简易模板类的H5设计软件以易企秀、MAKA、初页、兔展、云来等为代表，操作方便快捷，但功能有限；专业工具类的H5设计软件可以实现更炫酷的动画及交互，并拥有强大的逻辑功能，如Epub360意派、VXPLO（现在改为iVX）等。在简易模板类的H5设计软件中，易企秀是常用的交互融媒体制作云平台，是很多高校的H5相关课程技术合作软件，也是各大电商、平面设计方面的培训机构主推的H5设计软件。很多院校都开设了基于易企秀的H5设计课程。党的二十大报告中提到："教育、科技、人才是全面建设社会主义现代化国家的基础性、战略性支撑。"为了帮助院校快速培养H5设计人才，本书以易企秀软件为技术基础，结合作者多年从业经验，通过实战案例讲解H5设计的相关知识。

本书细致规划为7章，对H5设计进行了深度剖析。

第1章：H5设计概述。本章深入浅出地介绍H5营销的独特优势，揭示其如何在数字营销领域脱颖而出；探讨H5的广泛应用场景与渠道，涵盖多个维度；细分类别，阐述不同类型的H5设计，为读者构建全面的认知体系。

第2章：认识易企秀。本章全面解析易企秀平台，展示其独特魅力；详细介绍易企秀平台的编辑器使用方法，包括模板选择、元素拖曳编辑等功能；讲解作品尺寸设定与屏幕适配技巧，确保设计内容在多设备上的完美呈现。

第3～6章：进阶设计与创意实践。第3章逐步讲解静态与动态H5的创作流程，从基础布局到动画效果的添加，让页面活灵活现；第4章解锁H5的高级功能应用，如个性化内容展示、互动问答等，提升用户体验；第5、6章聚焦爆款H5页面设计原则与创意互动设计策略，通过案例分析激发设计灵感，掌握吸引用户注意力的秘诀。

第7章：H5实战案例。本章汇总4大精心挑选的综合案例，引导读者完成从策划构思到执行落地的全过程。在这一章里，读者不仅能领略到H5设计的全貌，还能将前几章所学的知识融会贯通，解决实际问题，提升个人设计与执行能力。

本书特色如下。

（1）本书以易企秀软件应用为主，先讲解软件的功能与操作方法，再结合案例进行实操，讲练结合。

（2）本书配备足量的实战案例及课堂案例，能够满足院校实操授课的教学需求。

（3）本书通过典型案例，解析案例的设计思路，详细介绍软件的实际操作方法，从而达到培养读者设计思维、提高读者实操能力的目的。

（4）本书附有微课视频，读者可以通过扫描二维码观看相关案例和练习的操作视频，提高实操能力。

（5）本书提供素材文件、PPT 课件、教学大纲、教案等教辅资源，读者可登录人邮教育社区（www.ryjiaoyu.com）下载。

作者

2025 年 5 月

目录

第1章 H5 设计概述

本章为 H5 设计概述。H5 是一种网页技术，使用 H5 构建的网页可以跨平台运行。H5 强大的跨平台性和互动性是其营销优势，H5 营销已成为许多企业和品牌进行营销推广的重要手段。H5 的应用方向非常广泛，其中最常见的是网页设计和开发。H5 的常见类型包括静态普通类、基础动画类、炫酷交互类、数据图表类、随机事件类、长页展示类和综合类等。

【本章学习任务】

了解 H5 的概念。

了解 H5 营销的优势。

了解 H5 的应用方向和渠道。

熟悉 H5 的常见类型。

1.1 H5 概述

本节主要介绍 H5 的概念及其与 App 的区别。

1.1.1 H5 的概念

H5，即 HTML5，是一种用于构建网页的标准技术。与传统的 HTML（Hypertext Markup Language，超文本标记语言）相比，H5 在功能和效果上更为强大，可以实现更多样化的网页设计。H5 可以支持丰富的多媒体元素，如音频、视频等，使得网页呈现更加生动、有趣。H5 可以根据不同设备自动调整页面布局和适配屏幕大小，确保在不同终端上的网页展示效果良好。H5 可以实现更多样化的交互效果，如动画、触摸、拖曳等。另外，H5 可以在不同的操作系统和设备上运行，具有更好的兼容性和可移植性。

1.1.2 H5 与 App 的区别

H5 是一种网页技术，使用 H5 构建的网页可以跨平台运行。H5 主要适用于网页应用，例如移动端网页应用、微信小程序等，如图 1-1 所示。由于 H5 具有跨平台性，因此只需要开发一次就可以在多个平台上运行，而且更新和维护也十分方便。

App 则是一种专门针对特定操作系统或平台开发的应用程序，需要下载、安装后才能使用，如图 1-2 所示。App 具有更好的本地化体验和更强的功能，可以充分利用设备的硬件资源和操作系统特性。但是，App 需要针对不同的平台分别开发，也需要针对不同的平台进行更新和维护，其成本和难度都更大。

图 1-1

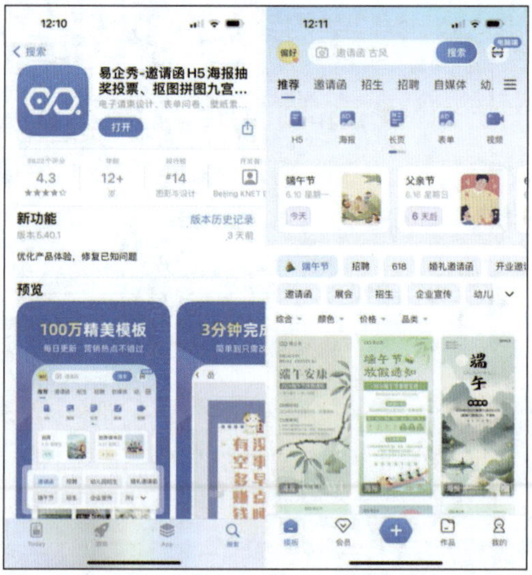

图 1-2

1.2 H5 营销的优势

H5 营销的优势在于 H5 具有强大的跨平台性和互动性，这使得营销信息可以轻松地在不同平台和设备上传播，同时也能吸引用户积极参与和分享。H5 页面如图 1-3 所示，它可以包含丰富的多媒体元素和交互设计，使得营销内容更加生动、有趣，从而提高用户的参与度和留存率。此外，H5 页面还可以通过数据分析和用户反馈来优化营销策略，提高营销的精准度和转化率，提升营销效果。因此，H5 营销已经成为许多企业和品牌进行营销推广的重要手段之一。

图 1-3

1.3 H5 的应用方向和渠道

H5 的应用方向非常广泛，其中最常见的是网页设计和开发。通过使用 H5，开发者可以创建出富有交互性和具有丰富多媒体元素的网页，提高用户体验和网页对用户的吸引力。同时，H5 也广泛应用于移动应用开发。通过使用 H5，开发者可以以统一的技术标准开发跨平台的移动应用，从而避免针对不同操作系统的开发工作。另外，H5 还可以应用于游戏开发、轻应用和微站开发等领域。总之，H5 已经成为现代互联网技术和应用开发的重要工具之一，广泛应用于各种不同的领域和场景中。

1.4 H5 的常见类型

本节介绍 H5 的常见类型，包括静态普通类、基础动画类、炫酷交互类、数据图表类、随机事件类、长页展示类和综合类等。

1.4.1 静态普通类

静态普通类 H5 是指一种相对简单的页面，通常用于展示静态内容，如文字、图片等。它的设计相对简单，主要注重页面布局、排版，以及内容的呈现方式。由于缺乏交互性和动态效果，静态普通类 H5 通常比较适合进行一些简单的信息展示或活动宣传，例如呈现活动介绍、招聘信息，制作邀请函等，如图 1-4 所示。在制作上，这类 H5 主要依赖于设计师的设计能力和开发者的技术实现能力，同时还需要考虑页面的加载速度和用户体验等因素。因此，在制作静态普通类 H5 时，需要注重页面的简洁程度、内容的质量和呈现方式，以及技术的实现和优化等方面。

图 1-4

1.4.2 基础动画类

基础动画类 H5 是指通过使用 H5 的动画效果和交互功能，实现的一些具有简单的动态效果和交互性的页面。这类 H5 通常使用 CSS3、JavaScript 等技术实现动画效果和交互功能，同时结合图片、文字、视频等多媒体元素，提高用户体验和网页对用户的吸引力。基础动画类 H5 通常用于进行一些简单的动态展示和提供简单的交互体验，例如企业宣传、产品介绍、活动介绍等，如图 1-5 所示。

图 1-5

1.4.3 炫酷交互类

炫酷交互类 H5 是指一些具有高度交互性和丰富的动态效果的页面，通常需要使用更高级的 H5 技术和设计技巧。炫酷交互类 H5 注重用户体验和交互设计，通过使用丰富的动画效果、音效、手势操作等，提供高度仿真的交互体验和视觉效果。炫酷交互类 H5 通常用于一些需要高度交互性和富有创意的场景，例如游戏、VR/AR 应用、在线教育等。在制作这类 H5 时，需要注重交互功能和动画效果的设计与实现，以及页面的布局和排版等方面；同时，还需要考虑页面的加载速度和用户体验等因素，确保页面能够快速响应并流畅、稳定地运行。

1.4.4 数据图表类

数据图表类 H5 是将数据以图表的形式呈现的页面，如图 1-6 所示。数据图表类 H5 通常使用 SVG（Scalable Vector Graphics，可缩放矢量图形）、Canvas 等技术实现图表效果，同时结合数据分析、可视化等技术，将数据以更加直观、易理解的方式呈现给用户。数据图表类 H5 通常用于一些需要展示大量数据、分析结果的场景，例如市场分析报告、销售数据分析、用户行为分析等。在制作这类 H5 时，需要注重图表的设计和实现，以及数据的处理和分析等方面；同时，还需要考虑页面的布局和排版等方面，确保页面能够清晰、准确地呈现数据。

图 1-6

1.4.5 随机事件类

随机事件类 H5 是指通过使用 H5 的随机事件功能，实现一些有不确定性的动态效果和交互体验的页面。这类 H5 通常使用 JavaScript 的随机数生成函数或算法实现随机事件，同时结合动画效果、音效等，提供更加丰富、有趣的交互体验和视觉效果。随机事件类 H5 通常用于一些需要增强趣味性和互动性的场景，例如抽奖活动、游戏、互动广告等，如图 1-7 所示。在制作这类 H5 时，需要注重随机事件的设计和实现，以及页面的布局和排版等方面；同时，还需要考虑页面的加载速度和用户体验等因素，确保页面能够快速响应并流畅、稳定地运行。

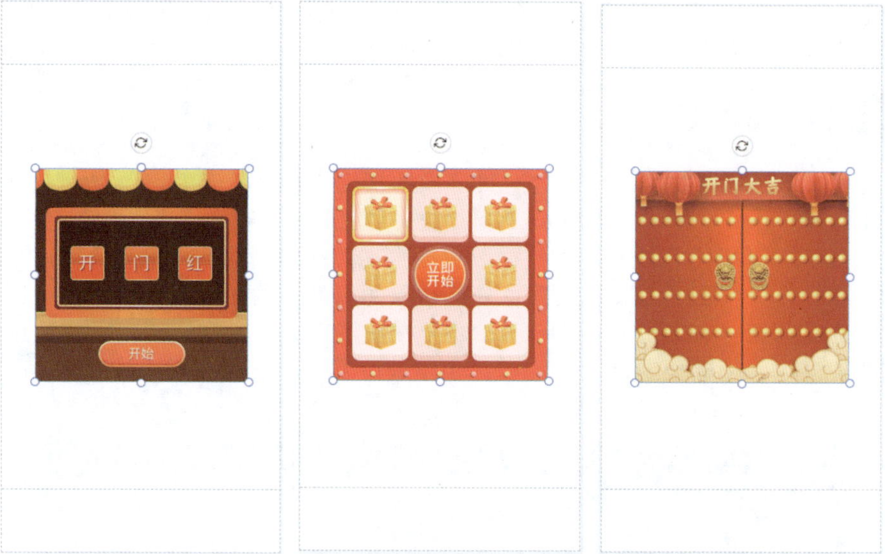

图 1-7

1.4.6 长页展示类

长页展示类 H5 是指一些页面较长、内容较多的页面，如图 1-8 所示。长页展示类 H5 通常采用单页面长滚动的方式，将大量的内容在同一个页面上展示出来，用户可以通过滑动或滚动来浏览内容。长页展示类 H5 通常用于一些需要展示大量信息的场景，例如产品介绍、企业宣传、电子杂志等。在制作这类 H5 时，需要注重页面的布局和排版，以及内容的组织和呈现方式等方面；同时，还需要考虑用户的阅读体验和操作习惯等因素，确保页面能够流畅地运行、用户能够舒适地使用。

图 1-8

1.4.7 综合类

综合类 H5 是指一些结合了多种技术和交互方式的页面，如图 1-9 所示。这类 H5 通常采用多种技术，例如 SVG、Canvas、CSS3、JavaScript 等，实现多种交互效果和动态效果，同时结合数据分析、可视化等技术，将内容以更加直观、易理解的方式呈现给用户。综合类 H5 通常用于需要展示复杂内容和技术水平的场景，例如产品发布会介绍、大型活动宣传、品牌广告等。在制作这类 H5 时，需要注重技术的实现和交互效果的设计，以及页面的布局和排版等方面；同时，还需要考虑用户体验和加载速度等因素，确保页面能够流畅、稳定地运行。

图 1-9

第 2 章 认识易企秀

本章带领读者认识易企秀平台。易企秀可以帮助用户快速生成 H5、海报图片、营销长页、问卷表单、互动抽奖小游戏、特效视频等，有 PC 端和移动端供用户根据自身习惯选择。易企秀的界面简洁、操作简单，通过了解易企秀 H5 编辑器的组件，学习其使用方法，新手也可轻松完成简单的 H5 创作。

【本章学习任务】

认识易企秀。

认识易企秀 H5 编辑器。

了解作品尺寸与屏幕适配。

练习浪漫粉紫色贺卡的制作。

2.1 易企秀简介

本节介绍易企秀的基础知识。

2.1.1 什么是易企秀

易企秀，全称是北京中网易企秀科技有限公司，是一家基于内容创意设计的数字轻营销科技公司。易企秀借助大数据、人工智能、云计算等技术，打造一体化创意设计营销平台，涵盖 H5、海报、长页、表单、互动、视频等创意设计工具，帮助用户在短时间内做出炫酷的创意作品，满足组织、团队和个人的全媒体、多场景在线创意设计和营销增长需求。

用户在易企秀上进行简单操作就可以快速生成 H5、海报图片、营销长页、问卷表单、互动抽奖小游戏、特效视频等，并可以一键分享到社交媒体。易企秀平台提供了从创意策划、设计制作、分发推广、数据分析到客户管理的“一条龙”营销闭环服务。

2.1.2 账号注册和登录方式

下面介绍如何注册易企秀账号。进入易企秀官网，如图 2-1 所示。

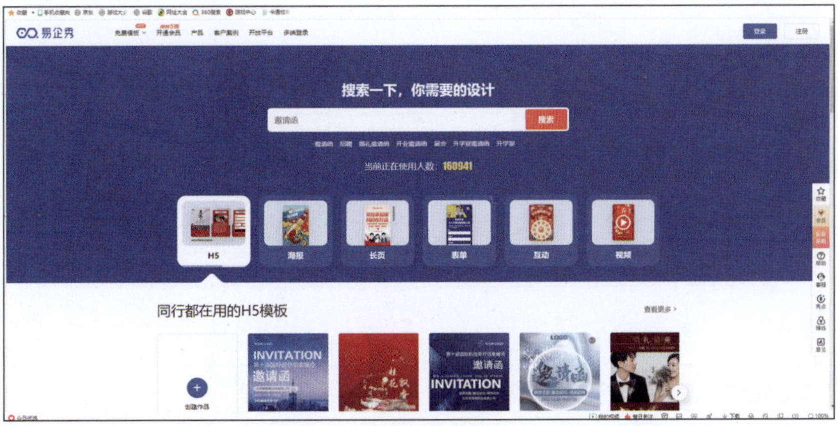

图 2-1

用户可以单击右上角的“注册”按钮，通过微信扫码注册，如图 2-2 所示；也可以单击“其他注册方式”，选择用手机号、邮箱、QQ、微博、钉钉注册，如图 2-3 所示。用户选择最适合自己的注册方式，注册好以后，登录所注册的账号，即可进入自己的易企秀账号管理界面。

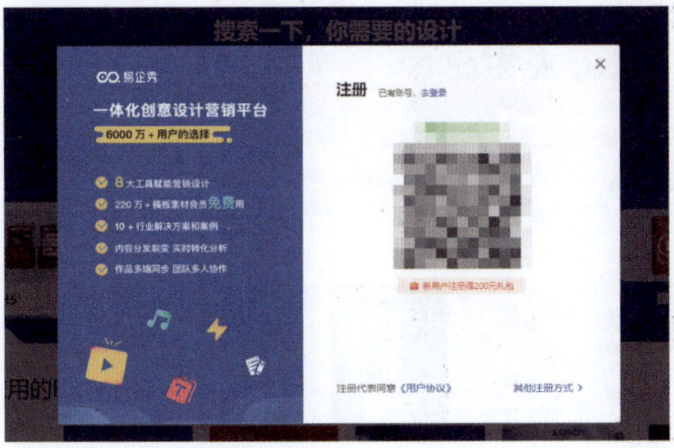

图 2-2

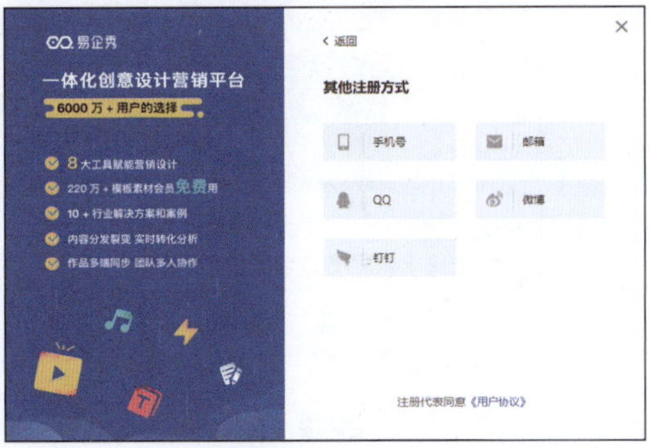

图 2-3

2.1.3 账号类型和产品矩阵

易企秀账号可以分为秀客账号，如图 2-4 所示；普通个人账号，如图 2-5 所示；会员企业账号，如图 2-6 所示。

图 2-4

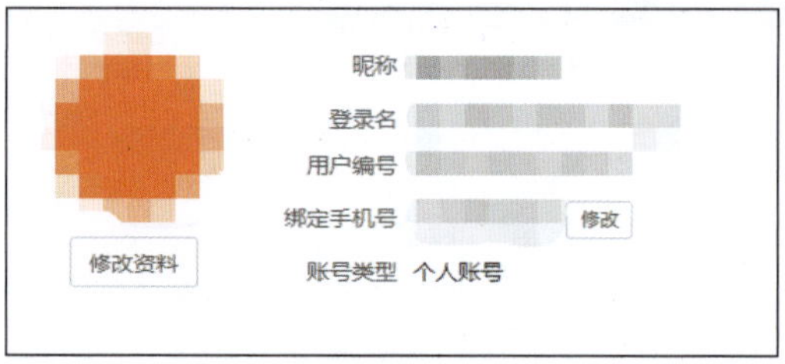

图 2-5

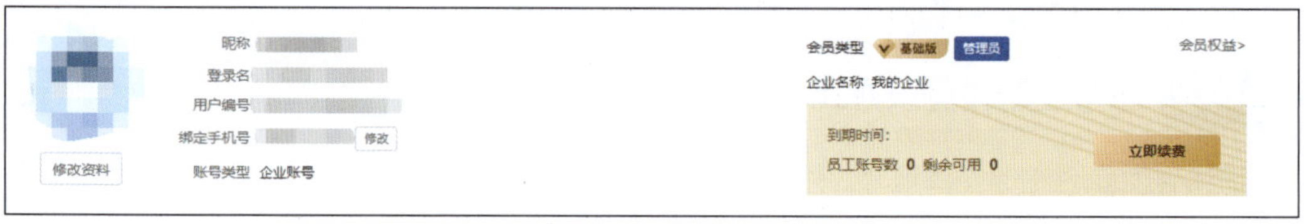

图 2-6

易企秀的产品矩阵包含 H5、海报、长页、表单、互动、视频等，如图 2-7 所示。

图 2-7

2.1.4 认识易企秀导航栏及商城产品

易企秀的导航栏包括精选推荐、创意设计、其他这三大板块，如图 2-8 所示。

图 2-8

“精选推荐”包含工作台、创意设计等功能；“创意设计”包含 H5、海报、长页、表单、互动、电子画册、视频、营销工具等功能；“其他”包含帮助中心、案例中心、正版素材、成为设计师、免费领模板等功能。

单击这些功能对应的选项可以直接打开制作所需要的模板、学习制作模板、了解各个品类的需求等。

易企秀商城产品种类齐全，集合了各种风格、各行业模板，如图 2-9 和图 2-10 所示。它为用户提供了方便、快捷的设计与制作平台，让新手用户也能轻松上手，几分钟即可制作一个完整的 H5。

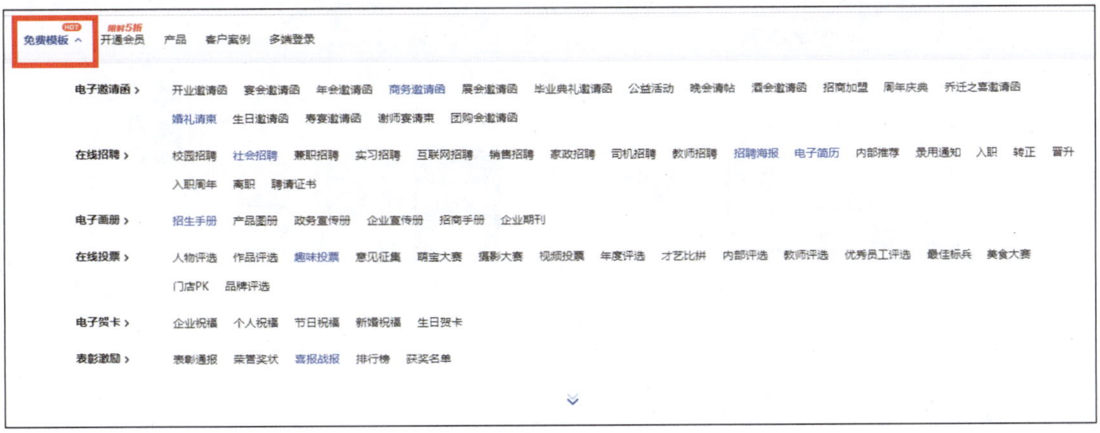

图 2-9

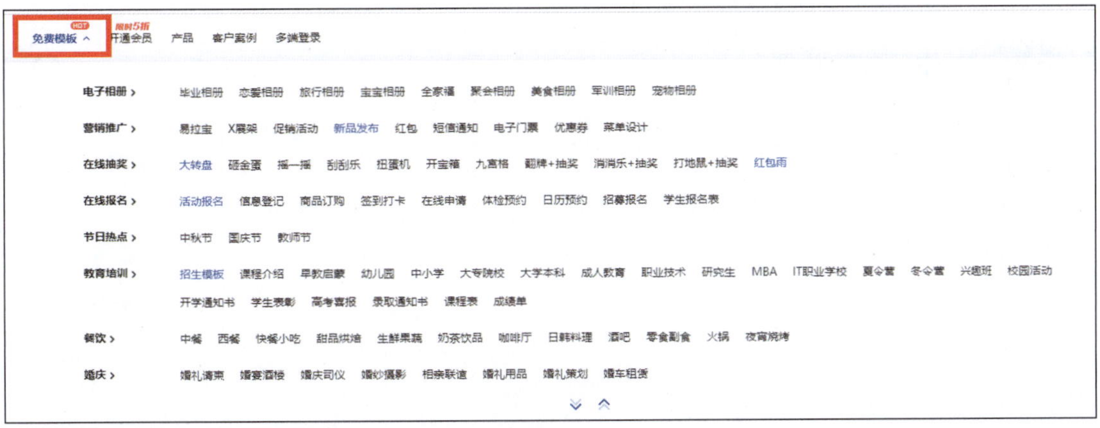

图 2-10

2.1.5 易企秀 PC 端和移动端的区别

易企秀有 PC（Personal Computer，个人计算机）端和手机移动端，用户可以根据需要选择适合自己的制作工具。

1. 易企秀 PC 端

易企秀 PC 端界面一目了然，主要针对企业用户和使用计算机方便的用户，相对移动端来说，更加简单、容易操作，且搜索范围广，用户更容易挑选到适合自己的产品。总的来说，易企秀 PC 端功能更齐全、操作更简单，对于有计算机基础的人很友好。易企秀 PC 端如图 2-11 所示。

2. 易企秀移动端

易企秀移动端分为 Android 和 iOS 系统，用户可以根据自己的手机系统，直接在应用商城里下载易企秀。易企秀移动端主要针对使用计算机不方便的用户，比如外出的用户可以直接使用手机登录账号，查看客户数据、制作模板，非常方便。易企秀移动端的缺点是制作上有局限性，操作稍有不慎，就会移动素材。所以在易企秀移动端进行制作的时候一定要熟悉并灵活运用编辑器中的隐藏按钮，这样操作会更加方便快捷。易企秀移动端如图 2-12 所示。

图 2-11

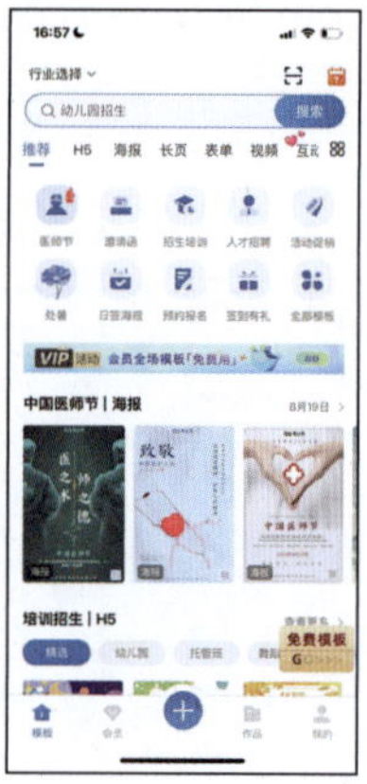

图 2-12

2.2 认识易企秀 H5 编辑器

本节介绍易企秀 H5 编辑器的基本功能。

2.2.1 作品创建功能

选择空白创建里的 H5“空白创建”（见图 2-13），即可进入空白的编辑器制作 H5。

创建 H5 的时候，可以选择在工作台或者作品中创建竖版 H5 或横版 H5，如图 2-14 和图 2-15 所示。我们常用的是竖版 H5。

图 2-13

图 2-14

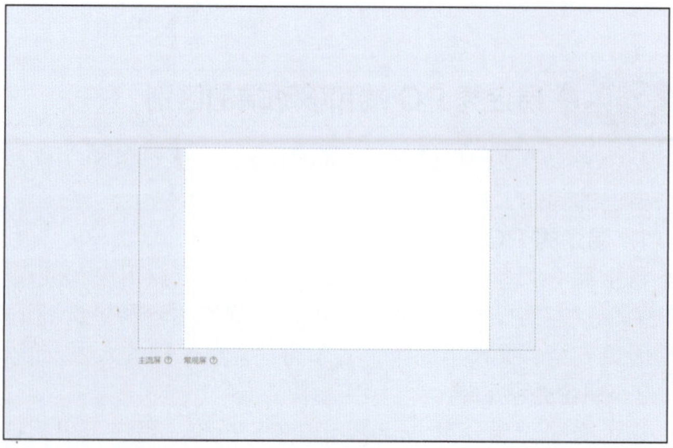

图 2-15

2.2.2 左侧导航栏功能

选择合适的产品创建、进入 H5 编辑器以后，就可以制作一个 H5 作品了。H5 编辑器左侧导航栏包含“图文”“单页”“装饰”“艺术字”“我的”，如图 2-16 所示。

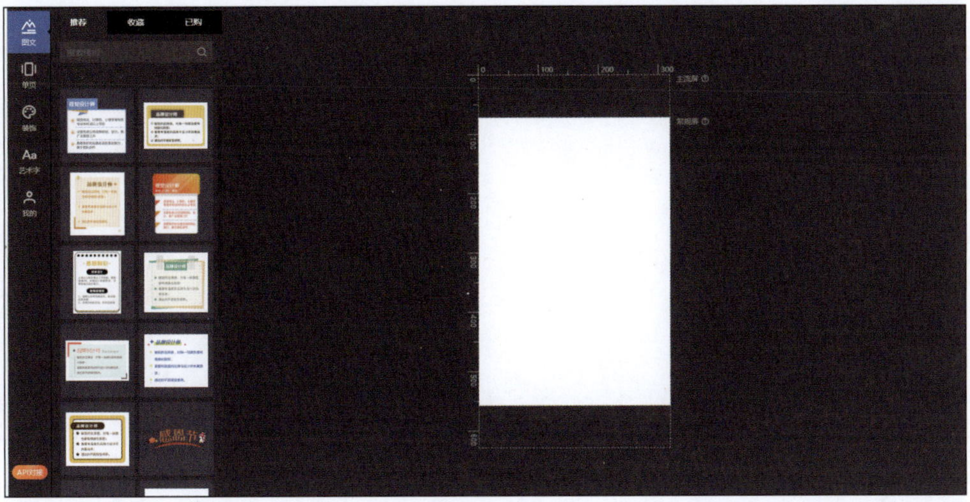

图 2-16

“图文”对应易企秀的图文模板，其中包含装饰性文字、图片，可根据自己的需要选择合适的图文排版，如图 2-17 所示。

“单页”包含 H5 模板中比较优秀的单页模板，可以直接使用，如图 2-18 所示。值得一提的是，“单页”中的“我的”在后期制作的时候会经常用到。如果担心自己制作的单页模板丢失或者需要保存以便下次使用，都可存储在“我的”里，需要使用的时候可以直接调用。

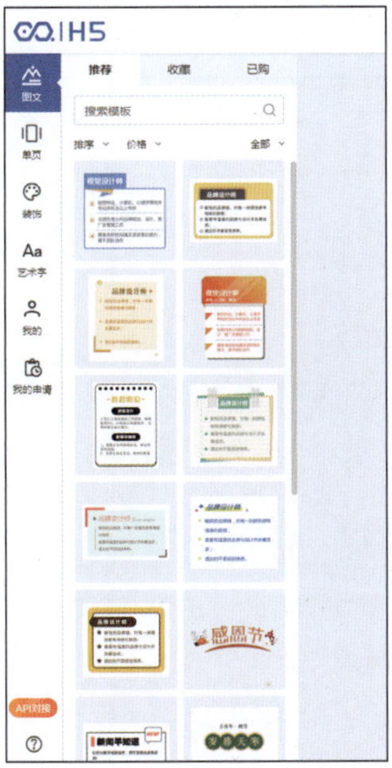

图 2-17

图 2-18

“装饰”包含图标、形状等装饰性素材，如图 2-19 所示。

“艺术字”对于新手用户很友好，其中包含的文字具有一些简单的设计效果，如图 2-20 所示，新手用户需要时直接选择一种艺术字，将内容更换为自己选定的文字即可。

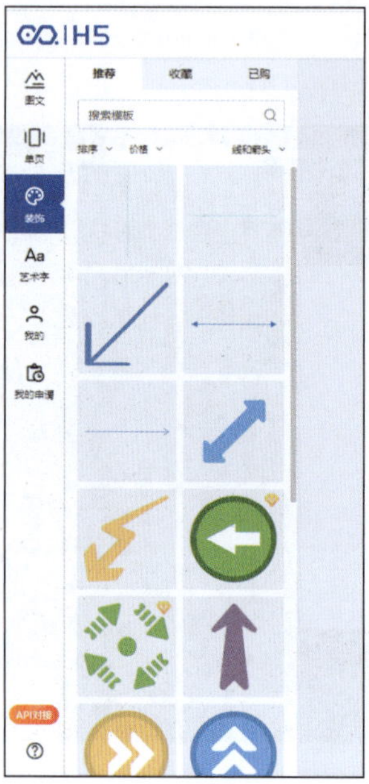

图 2-19

图 2-20

“我的”“我的申请”中都是用户自行上传的素材及收藏的组件，一般情况下，使用次数不多。

2.2.3 各项组件功能

H5 编辑器顶部是制作 H5 可能用到的所有组件，包含“文本”“图片”“音乐”“视频”“组件”“智能组件”“特效”，如图 2-21 所示。

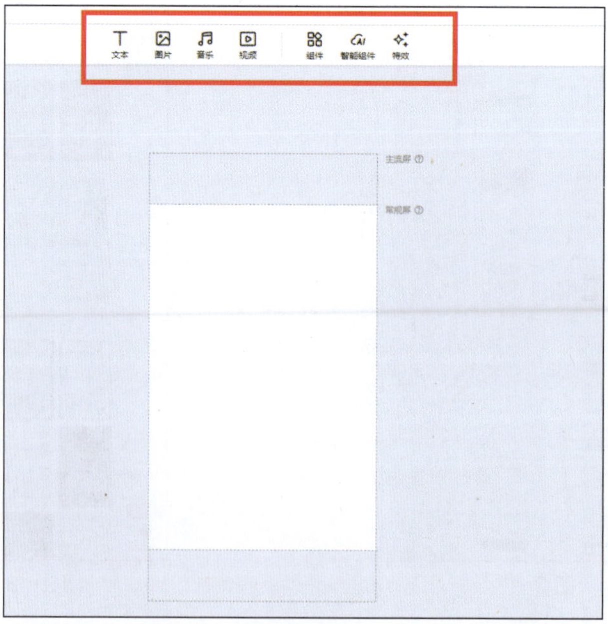

图 2-21

单击“文本”可以直接创建一个文本图层并打开“组件设置”对话框，在该对话框中可以设置文字的字体、字号、颜色等，如图 2-22 所示。

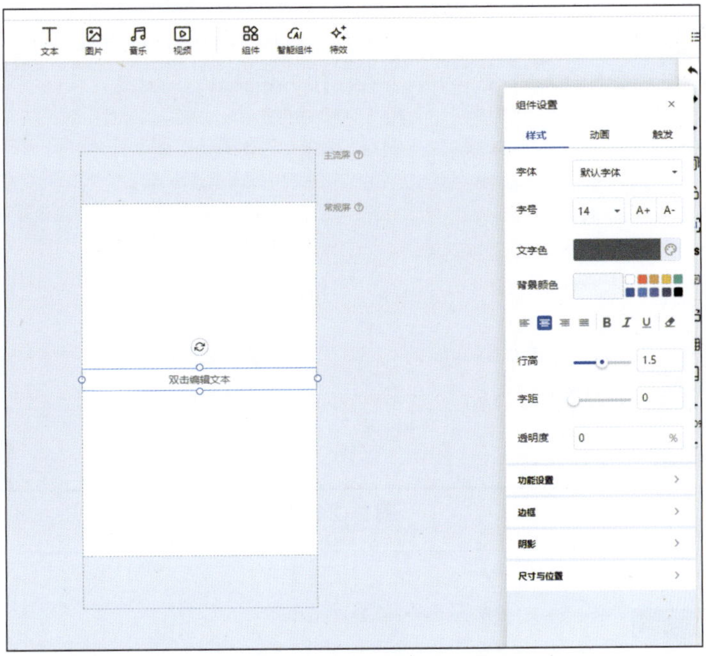

图 2-22

单击“图片”可以打开“图片库”，其中包含易企秀官方提供的图片和形状素材，以及用户自行上传的图片等，如图 2-23 所示。

图 2-23

单击“音乐”可以打开“音乐库”。制作 H5 时选择合适的音乐很重要，在“音乐库”中可以直接选择易企秀官方提供的音乐素材，也可以自行上传音乐，如图 2-24 所示。

单击“视频”可以打开“视频库”。用户可以在 H5 页面中添加关于本企业的视频，也可以在 H5 页面中添加易企秀官方提供的视频素材，如图 2-25 所示。

“组件”包含很多功能，较常用的有拨打电话、地图、快闪、一镜到底、头像、留言板、弹幕等，如图 2-26 所示。只有将组件使用得当，H5 作品才有精髓和灵魂。

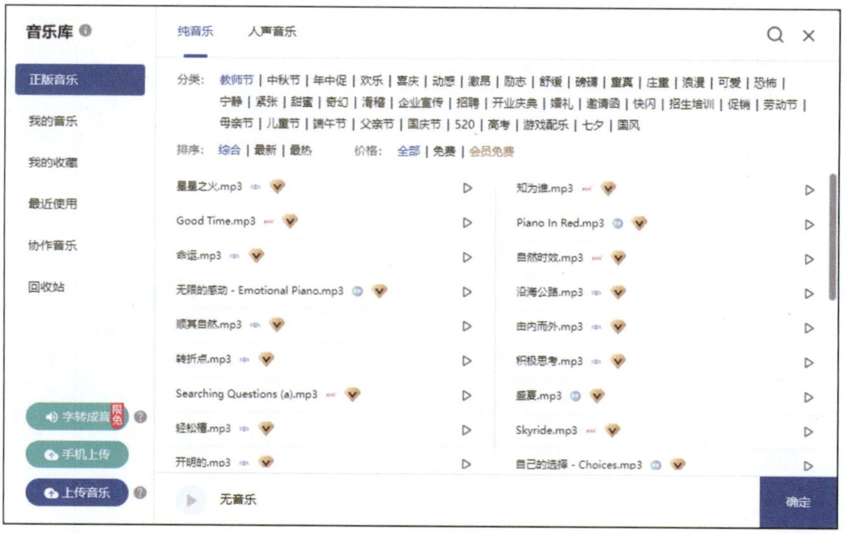

图 2-24

图 2-25

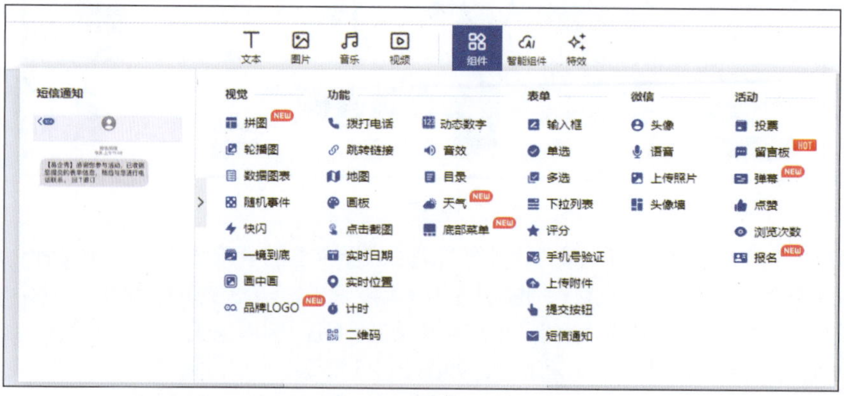

图 2-26

“智能组件”包含一些小创意、强互动的功能，有红包、抽奖、打赏、在线收款等，如图 2-27 所示。

通过“特效”可以给 H5 设置入场互动，可以添加涂抹、指纹、重力感应、砸玻璃等效果，还可以给页面添加一些氛围感极强的飘落物，比如福字、雪花、枫叶、花瓣等，提高页面灵动性，如图 2-28 和图 2-29 所示。

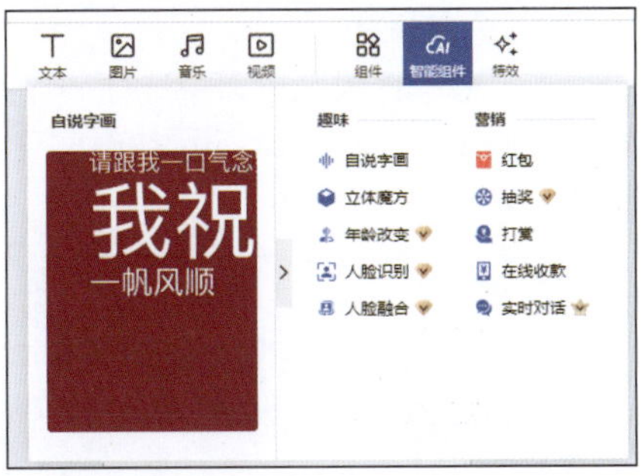

图 2-27

图 2-28

图 2-29

2.2.4 作品分享设置及分享样式

1. 作品分享设置

制作好 H5 以后，单击“预览和设置”按钮，打开“分享设置”界面，在该界面中可以给作品设置封面、标题及描述，如图 2-30 所示。用户在将作品分享给别人的时候，界面中会显示设置好的封面、标题及描述，如图 2-31 所示。

图 2-30

图 2-31

2. 分享样式

在“分享样式”界面中选择“设置微信分享时样式”，可以设置分享者、分享次数、分享人位置等，如图 2-32 所示。设置好分享样式并发布，就可以显示自己的微信昵称、分享次数及分享人位置，如图 2-33 所示。

图 2-32

图 2-33

2.2.5 保存与发布

1. 保存

在制作 H5 的时候，要养成随时保存的习惯，以避免由于网络和易企秀系统出现问题，制作的 H5 丢失。单击右上角的“保存”按钮即可保存，如图 2-34 所示。

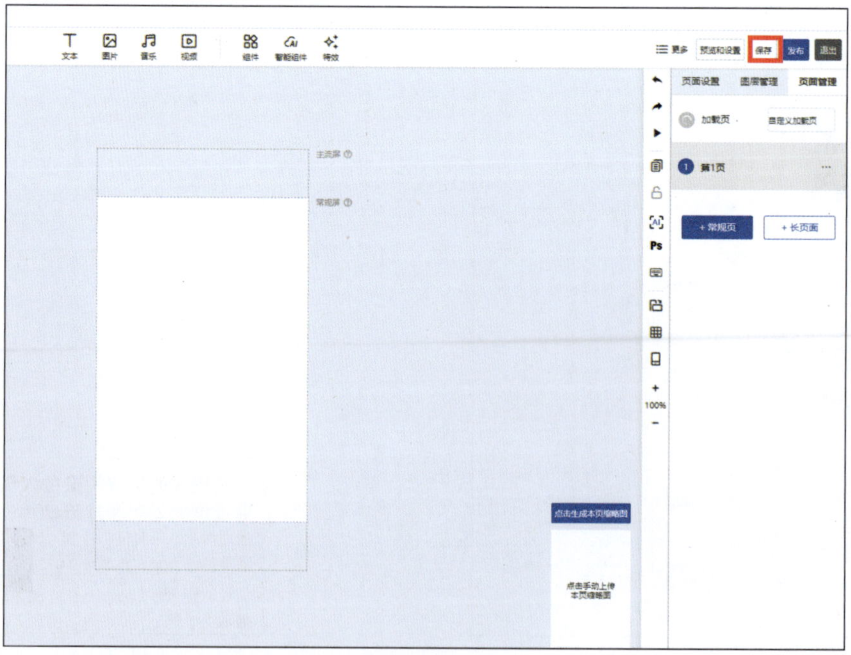

图 2-34

2. 发布

制作好 H5，即作品的所有标题、副标题、音乐等都设置好以后，单击“发布”按钮就可以将作品分享出去，如图 2-35 所示。用户可以在制作 H5 的过程中保存及发布作品，以便随时用手机预览自己的作品。当然，作品发布后仍可以修改，待修改完成再发布。

图 2-35

2.2.6 页面设置、图层管理、页面管理

在“页面设置”中，可以设置背景颜色、背景叠加，可以选择是否将背景应用于所有页面，还可以设置页面滤镜等，如图 2-36 所示。

“图层管理”中显示了本页面所有的图层，包括文本图层及图片图层，如图 2-37 所示。

“页面管理”是整个 H5 所有页面的集合，可以直接拖曳页面以调整各个页面的位置，如图 2-38 所示。

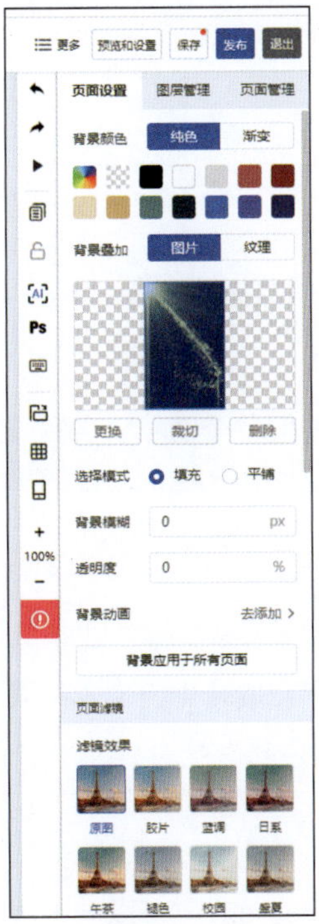

图 2-36

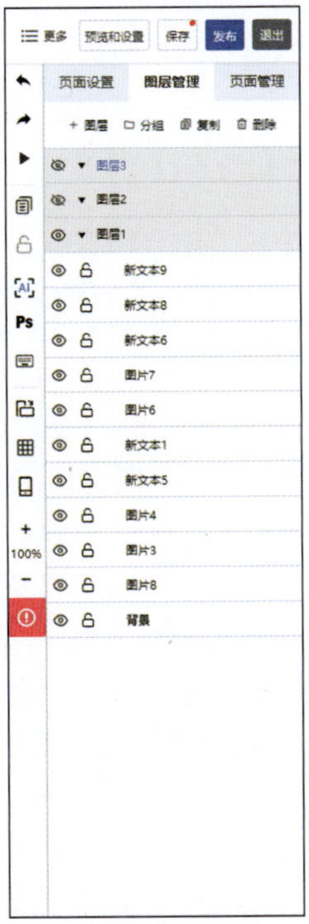

图 2-37

图 2-38

2.3 作品尺寸与屏幕适配

本节介绍 H5 页面的作品尺寸与屏幕适配的相关知识。

2.3.1 作品尺寸

通过易企秀制作的 H5 分为两种版式——竖版与横版。

一般使用竖版 H5，效果如图 2-39 所示。竖版 H5 的尺寸一般为 640px×1060px，针对 iPhone X 机型，尺寸为 640px×1240px。用户可以先在 Photoshop（下文简称 PS）中进行设计，然后直接在易企秀编辑器中上传 PS 源文件。注意，必须将 PS 源文件里制作的一些效果栅格化，否则在将文件上传到编辑器的过程中效果可能会丢失。

横版 H5 的尺寸同样一般为 640px×1060px，针对 iPhone X 机型，尺寸为 640px×1240px，效果如图 2-40 所示。

图 2-39

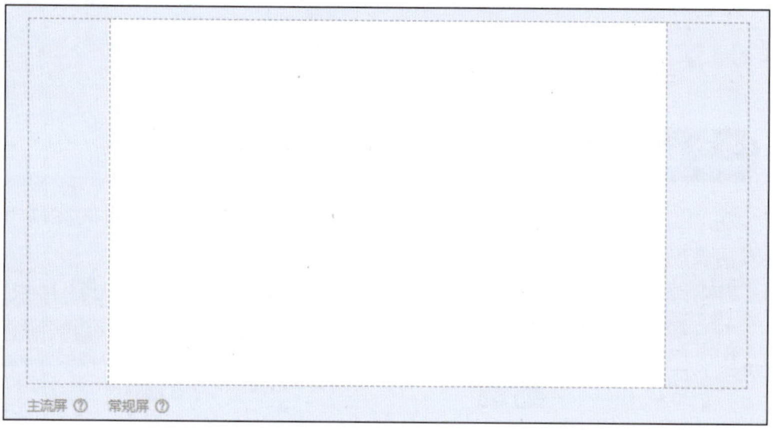

图 2-40

2.3.2 文件大小和文件模式

为保证上传速度，PSD 文件的大小不能超过 30MB，图层不能超过 30 个，并且每个图层的大小不能超过 5MB。在制作的时候一定要仔细把控文件的大小，避免超出规定文件大小，导致出现文件无法上传或者显示不全的问题。

文件模式必须是 RGB/8 通道模式。在制作好 PSD 文件后，一定要把各个图层、各种素材、文字制作的叠加效果等栅格化或者对图层进行合并操作，以保证最佳的上传速度和最好的单个素材浏览效果。

2.3.3 识别文件中的文字

上传可识别文字的 PSD 文件后，原 PSD 文件中含文字的图片可能会被转化为文本格式。若字体库中不包含原 PSD 文件中的文字字体，可能会自动使用默认的字体显示文字。

2.3.4 常规页面及长页面

常规页面对应匹配手机屏幕尺寸的展示方法，如图 2-41 所示。长页面对应可以向下滑动以浏览、查看更多内容（也就是一页到底）的展示方法，用户可以根据自己需要展示的内容及设计调整页面长度，如图 2-42 所示。

图 2-41

图 2-42

2.4 课后习题：制作浪漫粉紫色贺卡

本案例可应用于表白贺卡设计、表白相册展示等，如图 2-43 所示。

图 2-43

资源位置

素材位置	素材文件 >CH02>2.4 课后习题：制作浪漫粉紫色贺卡
视频位置	视频文件 >CH02>2.4 课后习题：制作浪漫粉紫色贺卡 .mp4

微课视频

设计说明

本案例的作品采用浪漫的粉紫色作为主体色，一打开该作品，浪漫的气息就扑面而来。个人用户可用该作品来表白、求婚、送祝福等；企业用户可以在节日期间利用该作品宣传造势、吸引客户到店消费等，还可以用该作品来宣传自己的产品、做节日活动等。

在动画上：运用爱心的入场动画，为情人节、“520” 这类特殊日子烘托气氛，如图 2-44 所示。

随着音乐响起，素材根据动画的延迟时间从上往下进入。

在素材和颜色的选取上： 运用卡通人物、粉色爱心树、爱心等素材，烘托浪漫气氛；粉紫色是非常浪漫的颜色，属于梦幻般的童话色系，常用于情人节 H5 的设计。

在文字设计上： 主题被定义为“真的爱你”，应用广泛，可作为各种情人节的祝福及日常表白的主题。英文“LOVE”和小标题都展现出这个 H5 的精髓，无论是个人用户还是企业用户使用，都能表达出对目标对象的心意。

在内容上： 大概分为相识、相知、相恋 3 个部分，其中放入的照片，以层层递进的方式展现，适用于向相恋多年的恋人表白，如图 2-45 所示。

特殊组件： 运用快闪组件，在其中写上浪漫的文字或“土味儿”情话，展现出满满的爱意。快闪自动播放完触发下一幕播放，前后内容相互衔接，流畅感良好，如图 2-46 所示。运用微信头像功能，即通过展示分享者头像和浏览者头像，向某位浏览者表白。H5 会自动获取分享者头像和浏览者头像。通过使用弹幕功能，让能看到这个作品的人都可以留下自己想说的话，互动感良好，如图 2-47 所示。

图 2-44

图 2-45

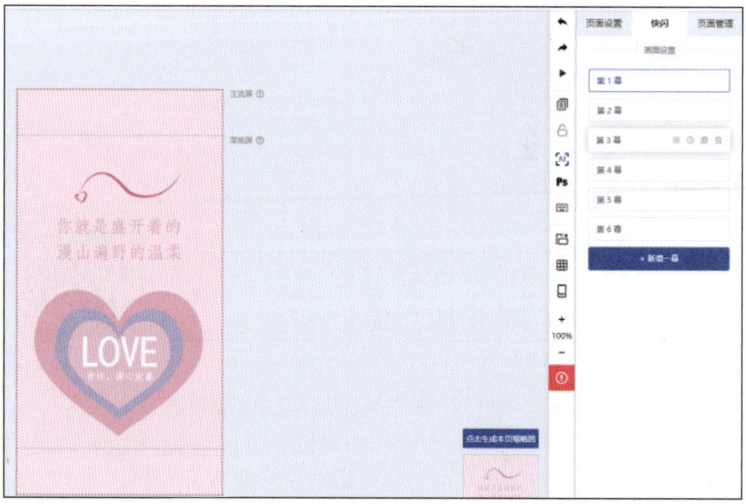

图 2-46

图 2-47

本案例效果如图 2-48 所示。

图 2-48

第 3 章 创建 H5 作品

本章开始讲解实际创建 H5 作品的方法。创建 H5 作品的基础流程包含确定制作方向，制作相关素材，将素材上传到易企秀编辑器后进行排版制作，最后保存并发布等。了解了创建 H5 作品的基础流程后，本章将介绍元素组件的设置方法，包含更改样式、设置动画、触发形式等。本章还将介绍如何将 H5 作品由静态转换为动态，丰富 H5 作品的内容。

【本章学习任务】

掌握创建静态 H5 的方法。

掌握创建动态 H5 的方法。

练习小清新粉色羽毛邀请函的制作。

练习水墨中国风邀请函的制作。

3.1 创建静态 H5 作品

本节将介绍静态 H5 的创建方法。

3.1.1 准备工作

1. 确定制作方向

在制作 H5 之前，需要梳理出大体的制作思路。比如，要制作一个静态、完全无动画效果的 H5 作品，就要先确定自己想做的主题、风格、最终效果，然后确定需要收集的相关素材。下面制作一个清新风格的企业宣传 H5。

2. 收集所需素材

梳理出大体思路之后，就需要去收集自己所需素材了。读者可以去各大素材网站（比如视觉中国、千图网、包图网、千库网、花瓣网等）上收集相关素材。本案例制作的是清新风格的企业宣传 H5，因此应该在素材网站上搜索清新风格的素材，如小花、草地等，如图 3-1 所示。

图 3-1

3.1.2 制作过程

1. 使用 PS 制作封面图

在 PS 中创建一个 640px × 1060px 的空白画布，如图 3-2 所示。在该画布上制作出自己想要的设计效果和内容，如图 3-3 所示。

2. 栅格化 PS 内图层效果

2.3 节中强调过，对于在 PS 中制作的文件，需要先将效果栅格化或合并相关图层（见图 3-4），再将文件上传至易企秀编辑器，以免上传后效果丢失或不显示。

图 3-2

图 3-3

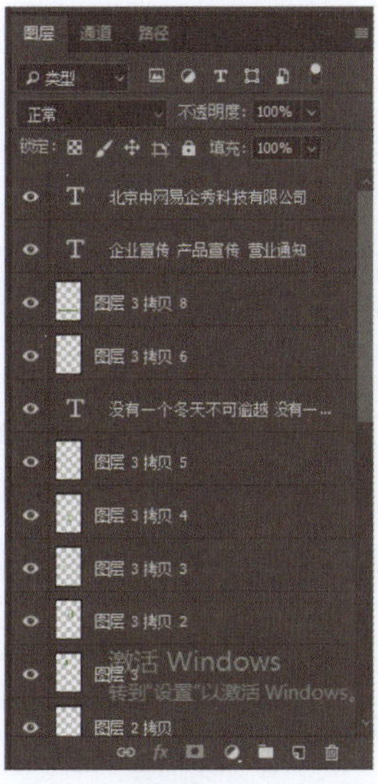

图 3-4

3．保存及上传到易企秀编辑器

将效果栅格化或合并相关图层后，在 PS 中执行“文件 > 存储为”命令，如图 3-5 所示。将文件保存至方便自己寻找的位置，如图 3-6 所示。记得保存 PSD 源文件，以便上传至易企秀编辑器后能够保留图层，如图 3-7 所示。

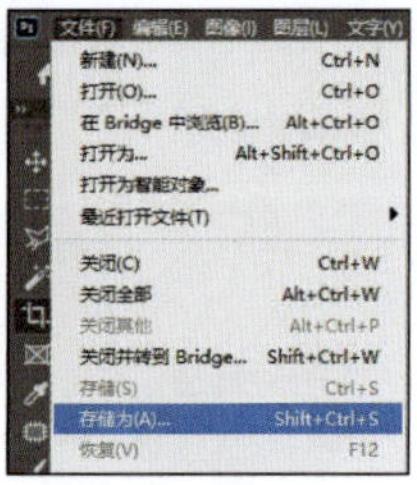

图 3-5

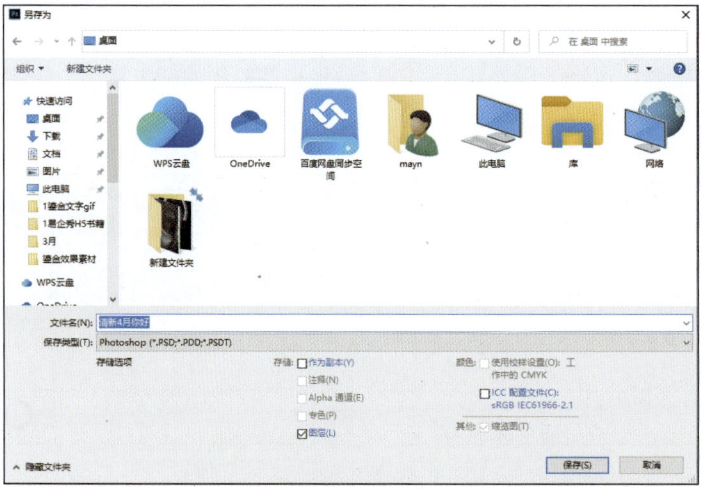

图 3-6

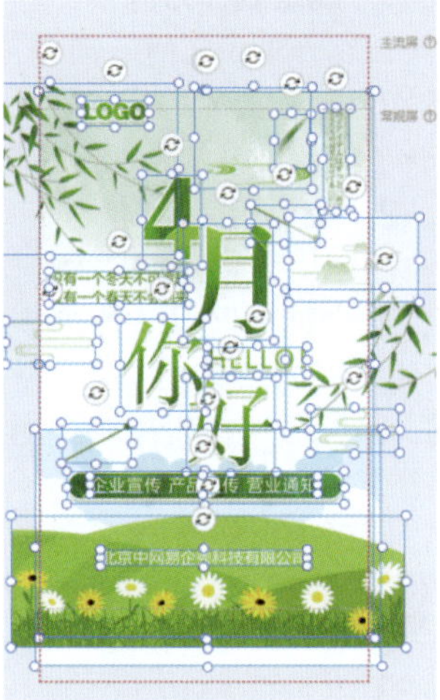

图 3-7

4．把各个元素放到合适的位置

将文件上传到易企秀编辑器以后，可以看到背景和部分元素的位置存在偏差，此时需要调整部分元素的位置，并将背景拉伸至铺满画布，即覆盖边缘的红线，如图 3-8 所示。这样能够避免用户使用大屏幕手机查看该作品时出现显示不全的问题。

5．运用文本工具替换 PS 内的文字图层

把一些副标题、没有带效果的文字等替换成易企秀可编辑字体，以便自己修改，或者用户更改，如图 3-9 所示。易企秀自带的文字编辑器可以更改文字字体、颜色，添加背景颜色等。

图 3-8

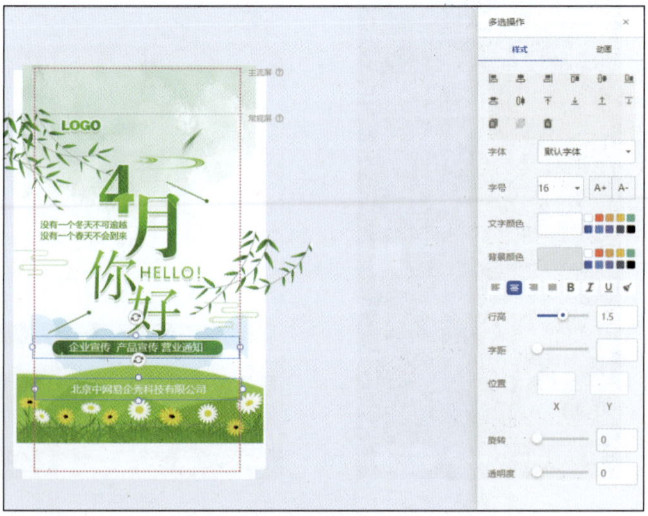

图 3-9

6. 页面的复制、删除命令

制作好封面以后，页面的制作就很简单了，可以使用“复制页面”命令复制封面以制作第 2 页，如图 3-10 所示。

更改第 2 页的内容，删除主标题，制作白底，在白底上添加文字内容，如图 3-11 所示。

图 3-10

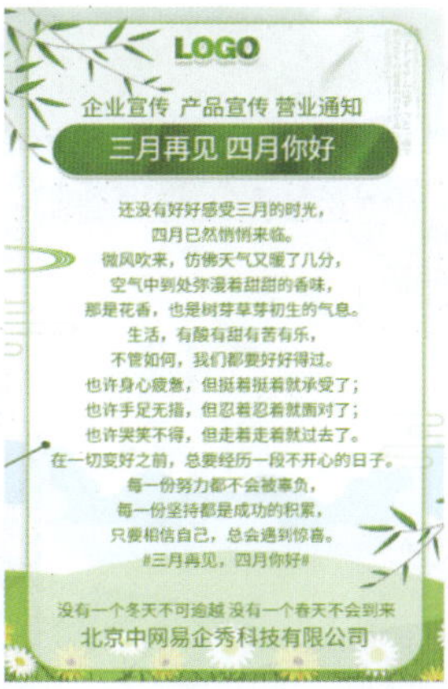

图 3-11

用同样的方法制作后续页面内容。一般的页面都是图文结合的，需要列好副标题，排好文字和图片内容。页面的结构基本和第 2 页的类似，只是其中的内容不同、排版不同，如图 3-12 所示。至此，一个风格统一的 H5 就制作完成了。

图 3-12

3.1.3 保存并发布

制作好一个完整的 H5 以后，需要设置这个 H5 的封面、标题和描述，如图 3-13 所示。

图 3-13

设置好以后，就可以保存并发布了，如图 3-14 所示。

图 3-14

3.2 创建动态 H5

本节将介绍动态 H5 的创建方法。

3.2.1 元素组件设置

易企秀 H5 内各个元素的组件设置包含样式设置、动画设置、触发设置。

1. 样式设置

样式设置包括元素的背景颜色、滤镜、透明度设置及高级设置（功能、边框、阴影、尺寸与位置设置等），如图 3-15 所示。

图 3-15

2. 动画设置

动画设置可以设置元素的进入动画、强调动画、退出动画。一个元素可以设置多种动画，如图 3-16 所示。

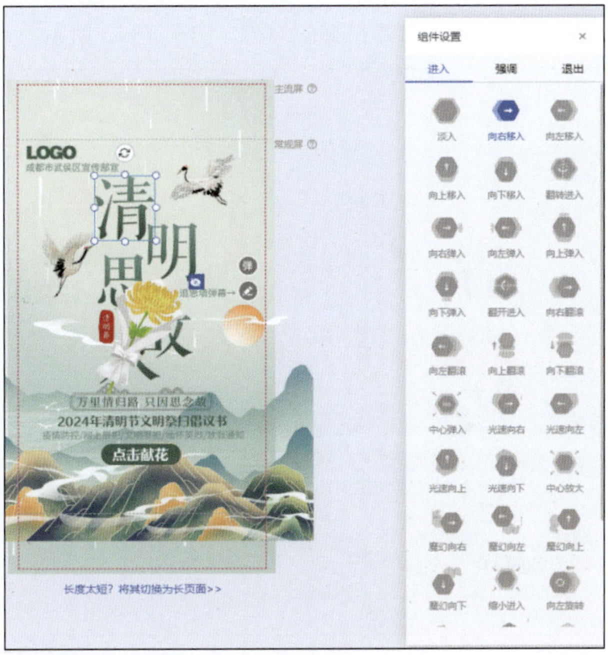

图 3-16

3. 触发设置

触发是一个有互动性的功能。互动性是指用户在某个作品上点击某个元素，该作品就可以呈现相关内容，这种作品在易企秀编辑器中是通过触发设置实现的，如图 3-17 所示。

图 3-17

3.2.2 元素样式设置

元素可以分为文字元素和图片元素。

1. 文字元素的设置

对于文字元素，一般会设置其字体、字号及颜色等。文字的行高和字距一般都采用系统默认设置，用户可以根据自己的设计去调整文本的相应设置，如图 3-18 所示。

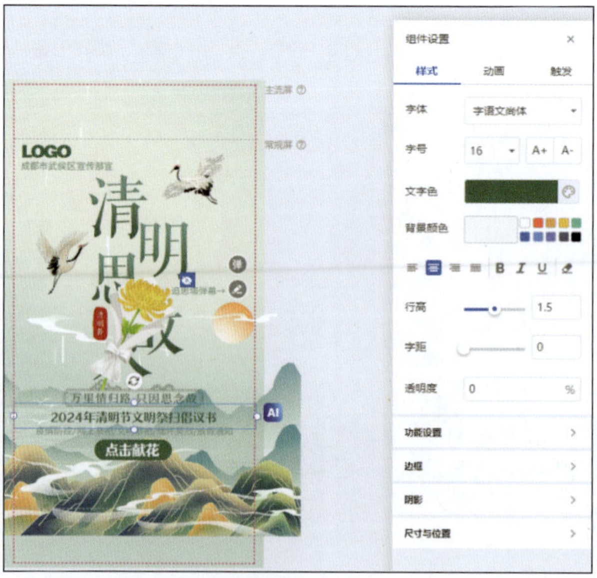

图 3-18

2. 图片元素的设置

对于在 PS 中制作好再上传到易企秀编辑器的图片元素，一般不会进行样式设置的修改。但是对于用易企秀自带的形状工具绘制的图片元素，可以修改其颜色、边框弧度等，如图 3-19 所示。

图 3-19

3.2.3 元素的动画设置

元素的动画设置应该是整个 H5 制作中最关键的一步，这一步需要确定这个作品的动画的出现时间，并需要确保动画协调、优美。

1. 常规动画设置

在 PS 中制作好作品并将其上传到易企秀编辑器以后，需要为每个元素设置对应的动画时间、延迟时间、文本元素等。在设置各个元素动画的时候，要分清主次，位于底部的元素应该先出现，所以其时间延迟要设置较小的数值，依此类推，如图 3-20 ～图 3-22 所示。

图 3-20

图 3-21

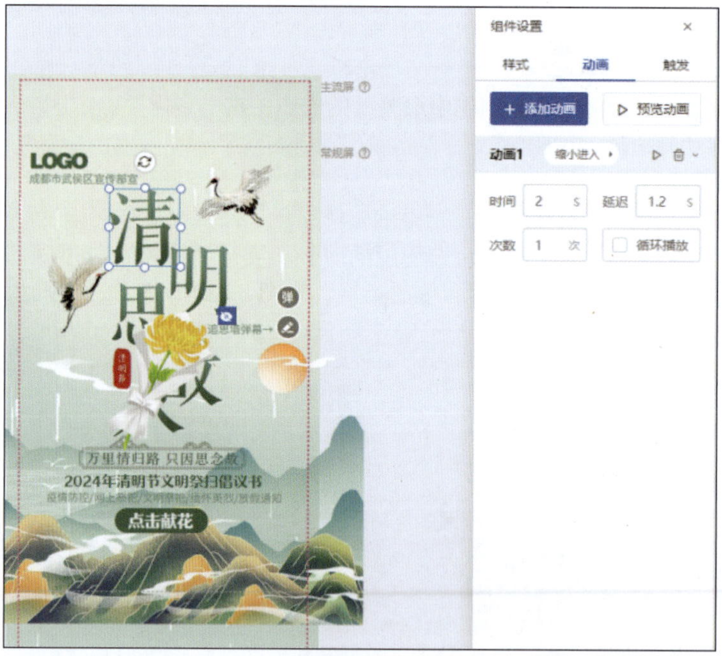

图 3-22

2. 二次动画设置

如果你的作品中有需要让用户注意的、比较重要的内容，或者需要强调某个元素，则可以在设置入场动画以后，给该内容或该元素添加强调动画，这个动画可以出现几次，也可以循环播放，如图 3-23 所示。当用户浏览页面的时候，强调动画会一直播放。

图 3-23

3.2.4 进入动画、强调动画、退出动画

1. 进入动画

让元素进入画面的动画，设置好动画时间和延迟时间即可完成，如图 3-24 所示。

图 3-24

2. 强调动画

强调动画是需要强调某重要元素或内容的时候设置的动画，如图 3-25 所示。

图 3-25

3. 退出动画

使元素只展示一次就退出画面的动画是退出动画，如图 3-26 所示。

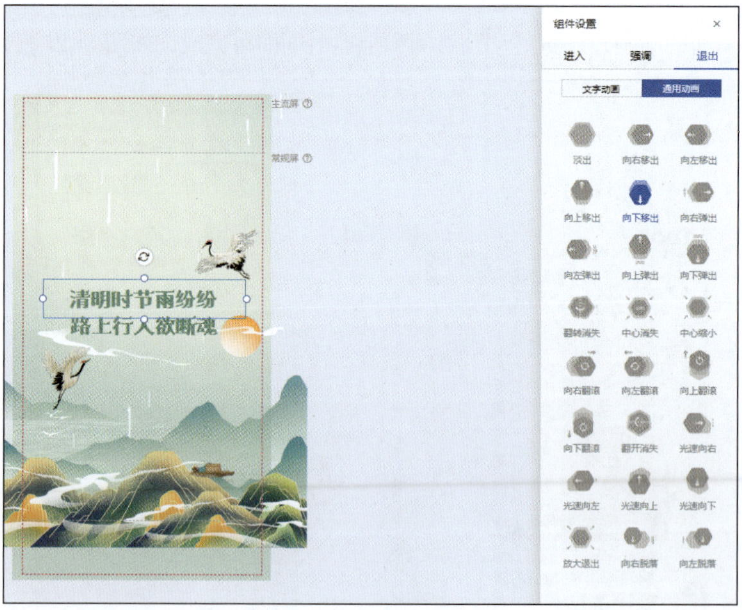

图 3-26

3.2.5 元素动画的设置

1. 时间设置

可以根据自己的喜好去设置各个元素进入画面的动画时间和进入画面的延迟时间。元素动画时间不能设置得太长，否则画面容易拖沓，给用户带来较差的体验感。当然，元素动画时间可以根据音乐作品的节奏和风格进行设置。常用的动画时间设置是 1s 和 2s，如图 3-27 和图 3-28 所示。

2. 延迟时间设置

元素动画的延迟时间不应设置得过长，应尽快显示在画面上，否则会让用户怀疑这个画面是不是出现了卡顿现象。当然，在设置元素动画的延迟时间的时候，要根据整个画面元素的图层顺序进行，这样元素显示才会有先后分明的变化，而不会显得杂乱无章。元素动画的延迟时间设置如图 3-29 和图 3-30 所示。

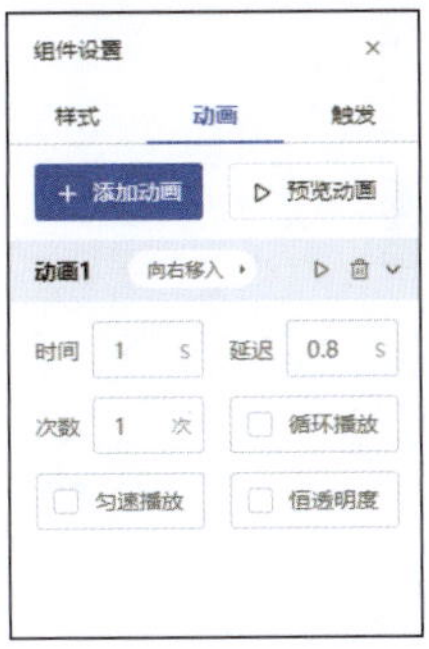

图 3-27

图 3-28

图 3-29

图 3-30

3. 次数设置

元素动画的次数是指这个元素可以在画面上出现几次。进入动画的次数一般是系统默认的 1 次。当然，如果有需要，也可以设置为多次。在制作二次动画或强调动画时需要设置次数，可以根据自己的需要设置次数，如图 3-31 所示；也可以直接勾选“循环播放”复选框设置相应效果，如图 3-32 所示。

图 3-31

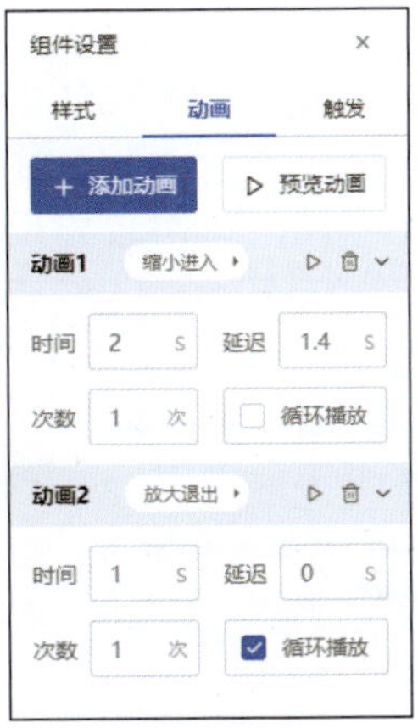

图 3-32

3.2.6 添加音乐

音乐可以说是整个 H5 作品的灵魂所在。在设置音乐的时候，可以上传并使用外部音乐，也可以直接使用易企秀官方提供的音乐，如图 3-33 所示。音乐必须根据作品的风格设置，比如大气的作品要设置宏伟、磅礴、大气的音乐；可爱、温馨的作品要设置一些轻音乐或温馨的音乐。当用户打开作品的时候，音乐和画面相融合，让用户产生看下去的欲望，就说明这个作品已接近成功了。

图 3-33

3.2.7 作品分享设置和加载页设置

1. 作品分享设置

作品分享设置包括设置分享时作品的封面、标题、描述，如图 3-34 所示。

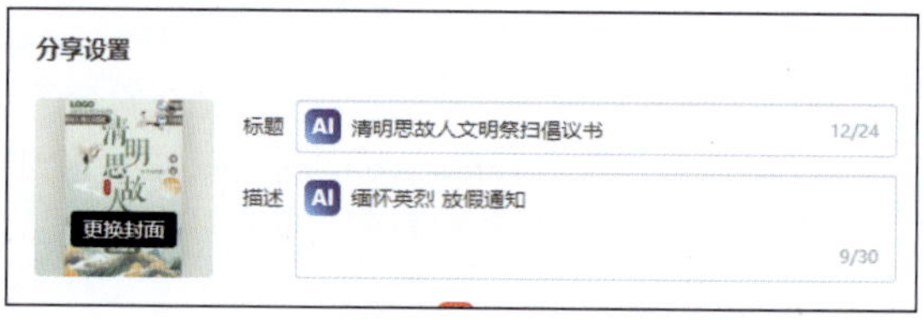

图 3-34

另外，还可以设置微信分享时的样式、整个作品的翻页方式，如图 3-35 所示。设置翻页方式就是设置作品从上一页翻到下一页时的动画，可以为每一页设置相同的翻页动画。如图 3-36 所示，翻页动画多种多样，根据自己的需求设置即可。

图 3-35

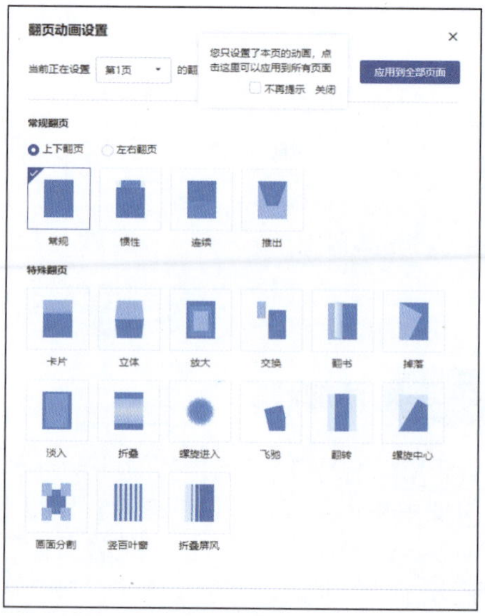

图 3-36

2. 加载页设置

加载页是打开作品时显示的 LOGO 或图片，如图 3-37 所示。可以将加载页设置成自己企业的 LOGO 或图片，这个功能需要付费，但可以把易企秀官方 LOGO 标识去掉。

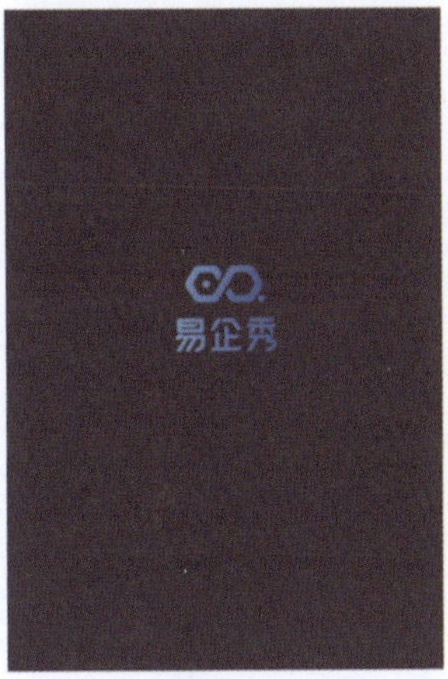

图 3-37

3.2.8 尾页设置及广告去除

1. 尾页设置

易企秀的每个作品都有一个尾页，可以付费去除。去除后，作品就不会显示与易企秀相关的内容，如图 3-38 所示。

2. 广告去除

H5 中可能存在一些广告，这些广告也是可以付费去除的，如图 3-39 所示。对于这些付费功能，用户可以根据自己的需求去使用，如果没有相关预算，可以不使用。有一些企业对自己的企业文化比较重视，就会去除与其自身无关的内容。

图 3-38

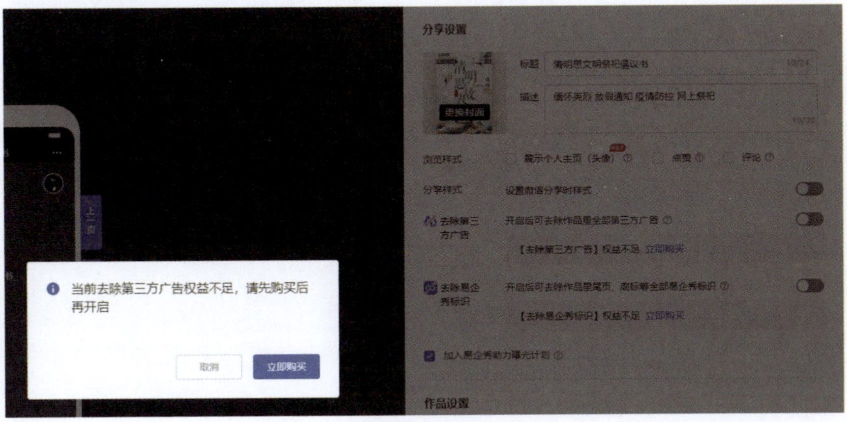

图 3-39

读者可扫码查看本节 H5 作品，案例效果如图 3-40 所示。

图 3-40

3.3 实战案例：制作小清新粉色羽毛邀请函

本案例整体上是小清新粉色风格，可应用于服装、香水、美妆等行业，适用于新品发布、产品推广、商务会议等的邀请函。本案例以浪漫的粉色系为主体色，并使用漂亮的白色花瓣特效，彰显活力、青春，如图 3-41 所示。

图 3-41

资源位置

素材位置	素材文件 >CH03>3.3 实战案例：制作小清新粉色羽毛邀请函
视频位置	视频文件 >CH03>3.3 实战案例：制作小清新粉色羽毛邀请函 .mp4

微课视频

操作步骤

第一步　设置入场动画。用易企秀素材库自带的长方形形状工具，设置颜色为白色，绘制出适合屏幕尺寸的长条，并设置其动画。将右方长条向上移出，设置时间为 1s，延迟时间为 0.1s，如图 3-42 所示。

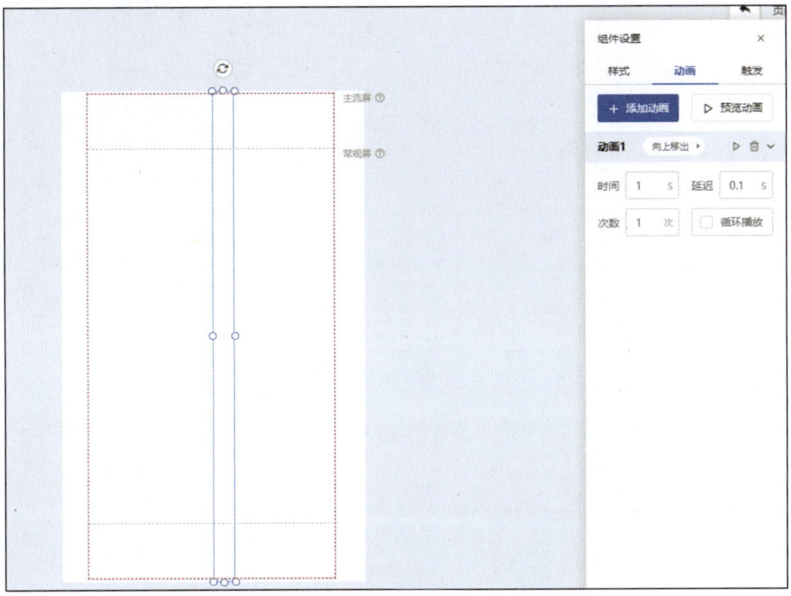

图 3-42

将右半部分的长条从中间依次向上移出，时间不变，延迟时间依次为 0.2s、0.3s、0.4s……如图 3-43 所示。

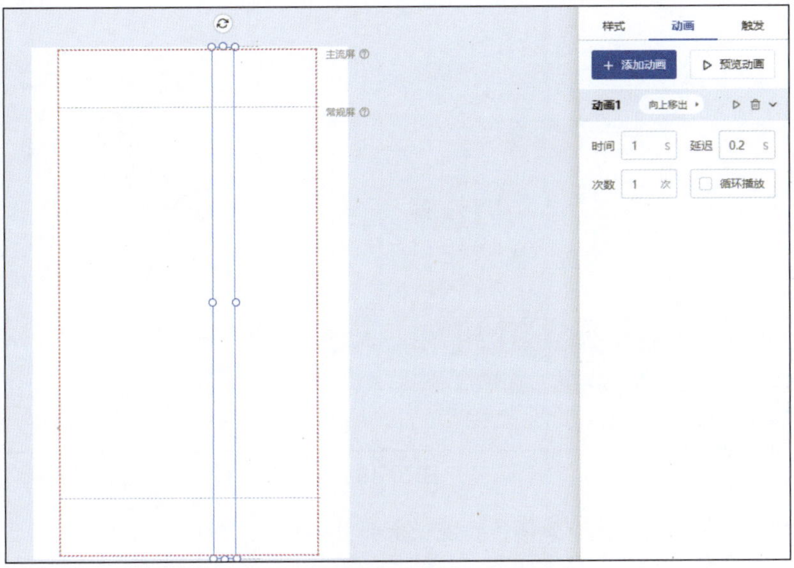

图 3-43

将左半部分的长条从中间依次向下移出，形成左右呼应的效果，时间为 1s，延迟时间依次为 0.1s、0.2s、0.3s、0.4s 如图 3-44 所示。

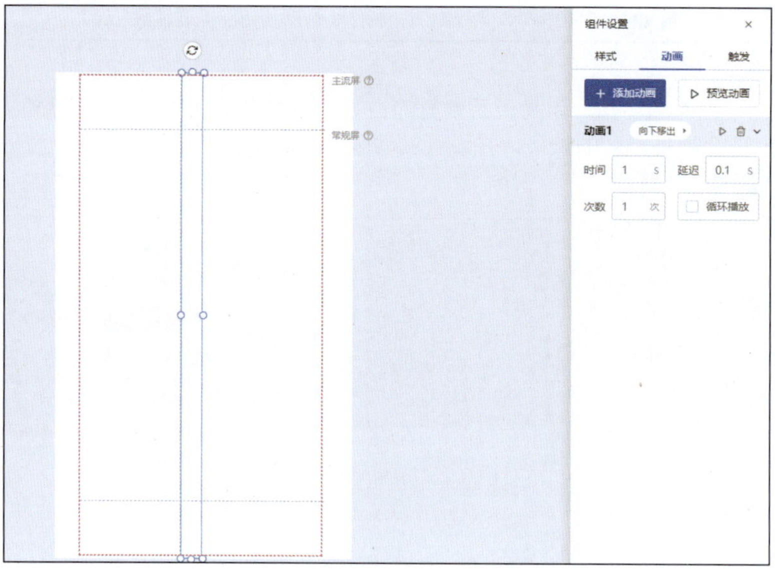

图 3-44

第二步 上传素材。在 PS 中制作好 H5 首页，保存栅格化的 PSD 源文件（见图 3-45），直接上传到易企秀编辑器。

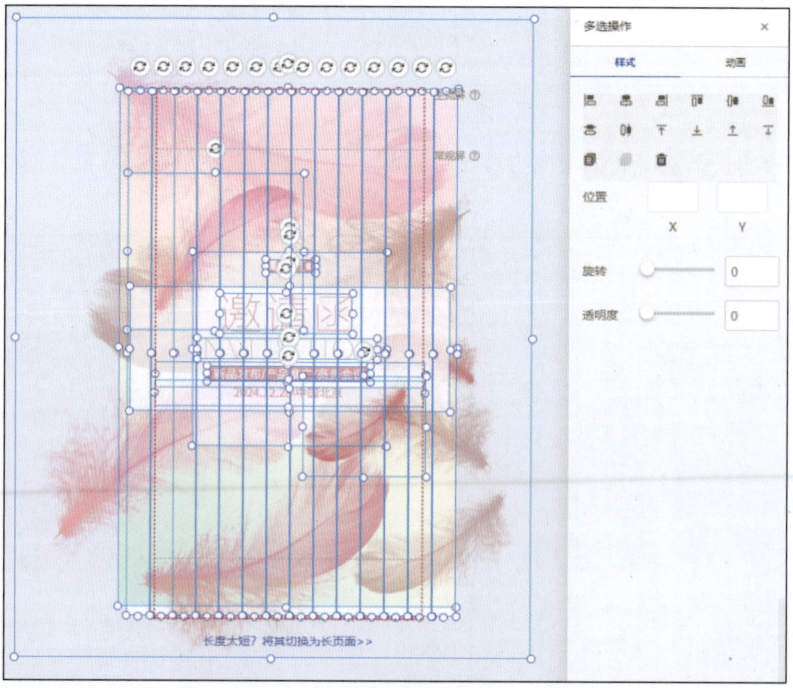

图 3-45

第三步 设置整个 H5 的背景颜色。统一全部页面的背景颜色。为了和入场动画相呼应，直接吸取素材上的粉色作为背景颜色，如图 3-46 所示。

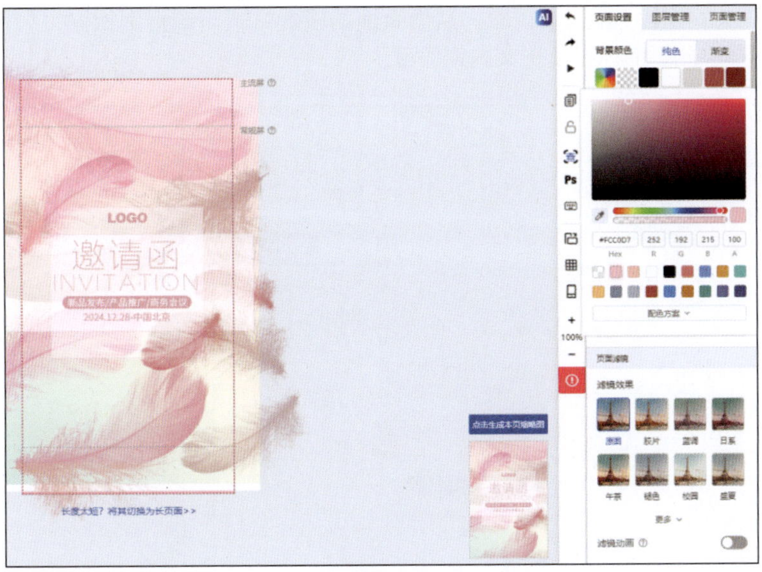

图 3-46

第四步 设置各个元素的动画。这里需要把上传到易企秀编辑器的背景图片动画的延迟时间设置得长一些，以免设置好的入场动画还没展示，元素就出现了。本案例将作品背景图片动画的延迟时间设置为 1s，如图 3-47 所示。后面一些小素材动画的延迟时间可根据自己的需要设置。

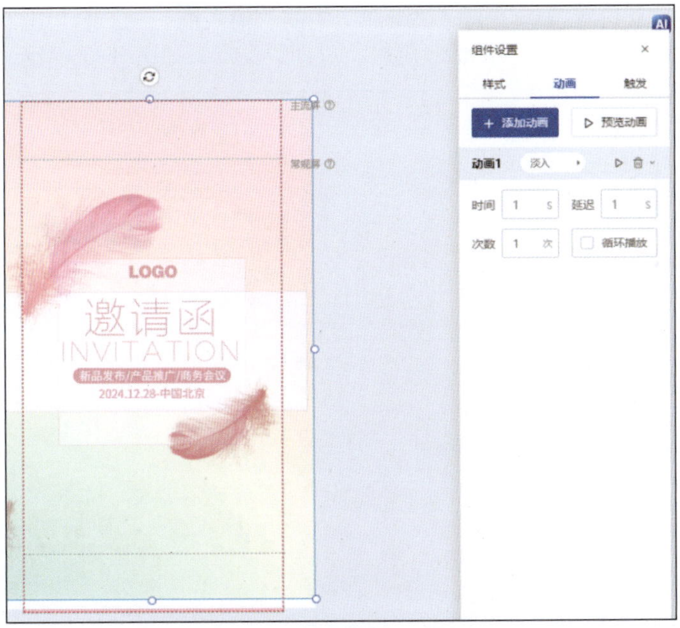

图 3-47

第五步 制作正文内容。正文内容沿用第 1 页的素材，即使用“复制页面”命令复制第 1 页，如图 3-48 所示。

可以用易企秀素材库自带的长方形形状工具绘制长方形，设置颜色为白色；也可以自己制作一个白色的长方形，该长方形将被用作正文内容的底框，如图 3-49 所示。把这个底框动画的延迟时间设置好，再在该底框上设置正文内容。后面页面的设置方式与该页面相同，只需复制前一页生成新页面，然后修改此页的标题及正文内容即可。

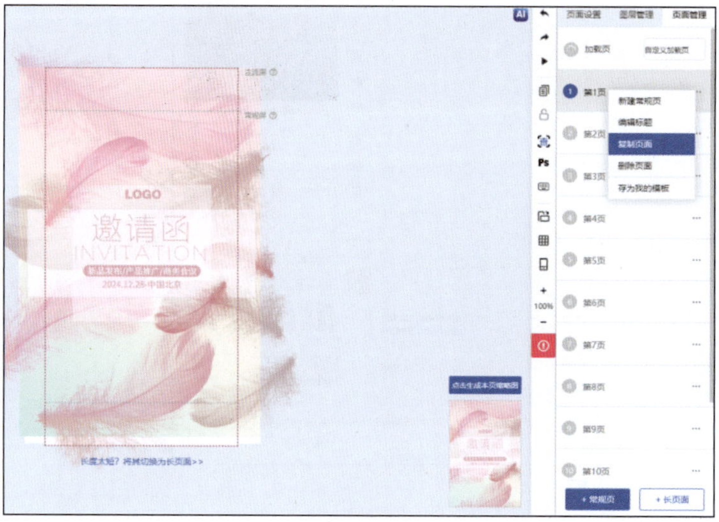

图 3-48

图 3-49

第六步 添加及设置地图。添加及设置地图需要用到组件里的地图功能。

单击“地图”，在页面中插入地图以设置会议的地址，这里直接粘贴你的地址，会自动生成地址，用户打开此页面，可以直接导航去该地址，方便快捷。

第七步 添加及设置表单。选择“组件”中的“输入框”，打开“组件设置”对话框，在其中可选择输入类型，包括姓名、电话、邮箱、日期、文本，如图 3-50 所示。

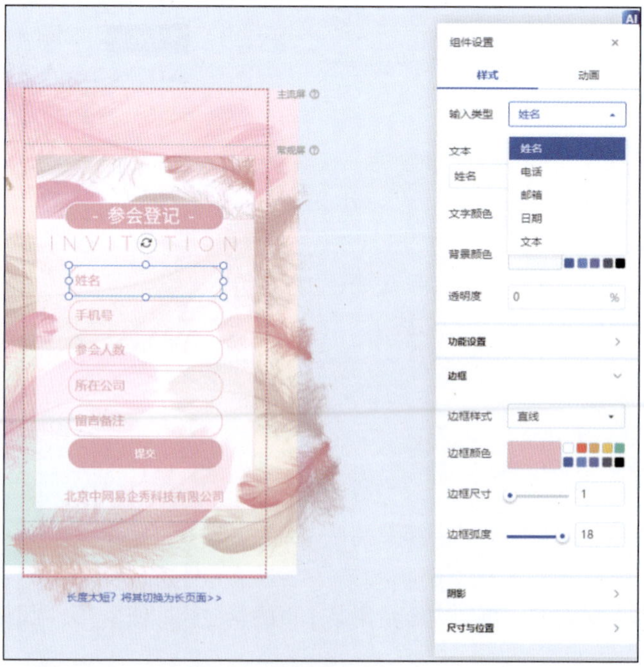

图 3-50

根据需要收集的信息选择输入类型，如果其中没有所需类型，可以直接在“文本”输入框中手动输入你想要收集的信息，如图 3-51 所示。

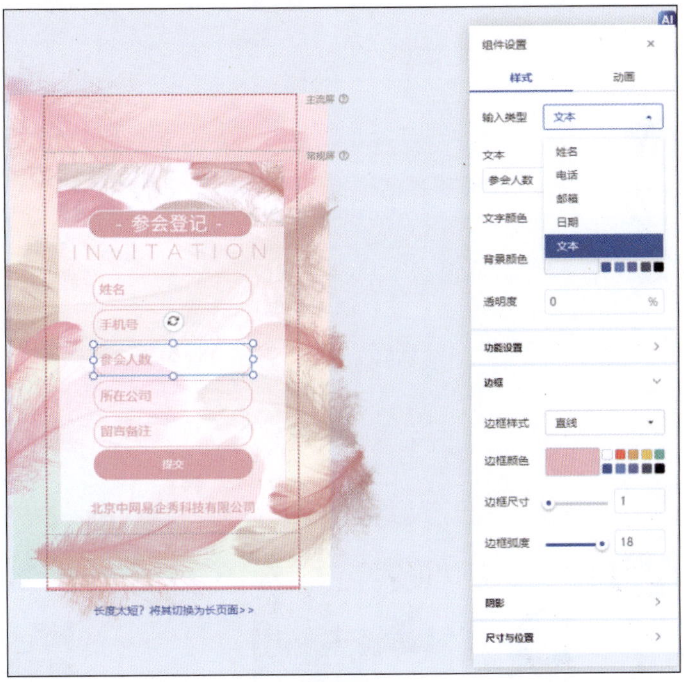

图 3-51

第八步 设置分享的标题和描述。制作好作品以后，根据需要设置分享的标题和描述，如图 3-52 所示。设置好以后，直接保存并发布即可。

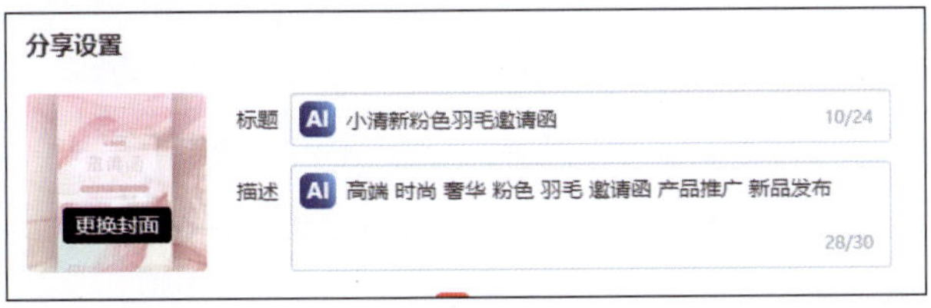

图 3-52

本案例效果如图 3-53 所示。

图 3-53

图 3-53（续）

3.4 课后习题：制作水墨中国风邀请函

本案例可应用于企业论坛、学术培训讲座、产品展览会等，应用广泛、风格独特，如图 3-54 所示。

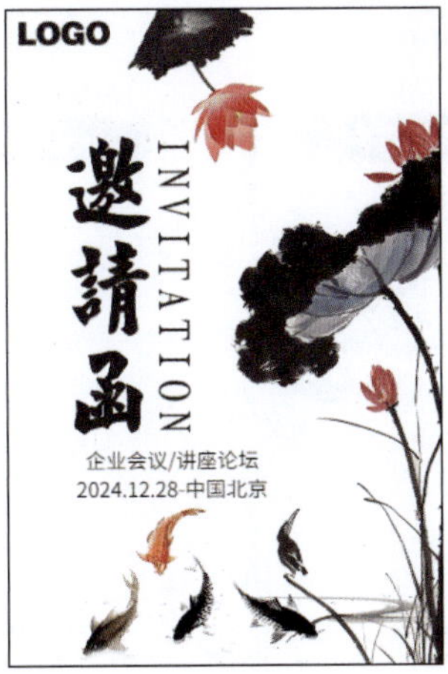

图 3-54

资源位置

素材位置	素材文件 >CH03>3.4 课后习题：制作水墨中国风邀请函
视频位置	视频文件 >CH03>3.4 课后习题：制作水墨中国风邀请函 .mp4

微课视频

设计要点

在颜色上：主题颜色为黑白色，在此基础上增加了红色水墨荷花等元素的点缀，让画面从压抑的黑白色中活跃起来，降低了画面的沉闷感，如图 3-55 所示。

在动画上：运用了竖百叶窗的入场动画，带出整个主题元素和主题文字，如图 3-56 所示。在主题文字上设置了二次动画，强调了“邀请函”这 3 个字，如图 3-57 所示。

图 3-55

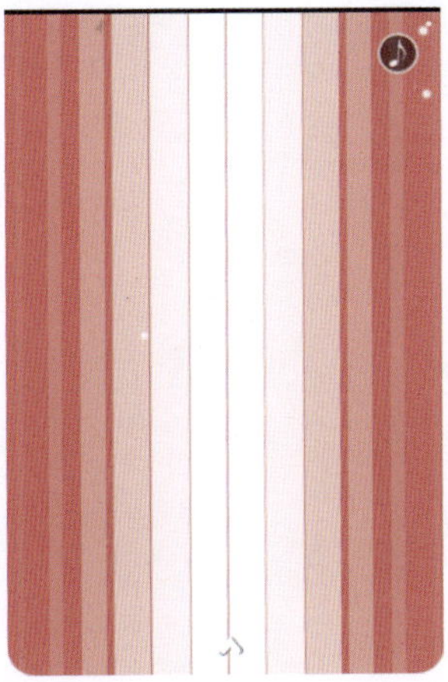

图 3-56

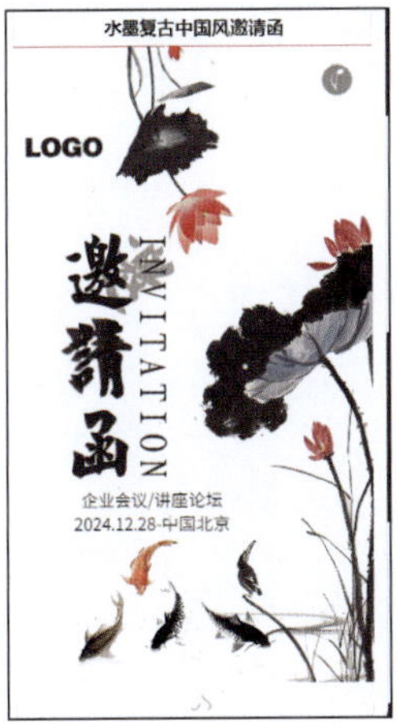

图 3-57

在音乐上：由于作品整体采用水墨中国风，因此选用了一首比较古典、有韵味儿的乐曲，让用户打开这个作品，就感觉身处如诗如画的环境中。

在内容上：包含参会详情、参会嘉宾、参会流程、参会现场、产品展示、更多产品、参会地址、参会登记等，应用广泛，用户可以根据自己的需求删减或增加对应页面。具体内容如图 3-58 所示。

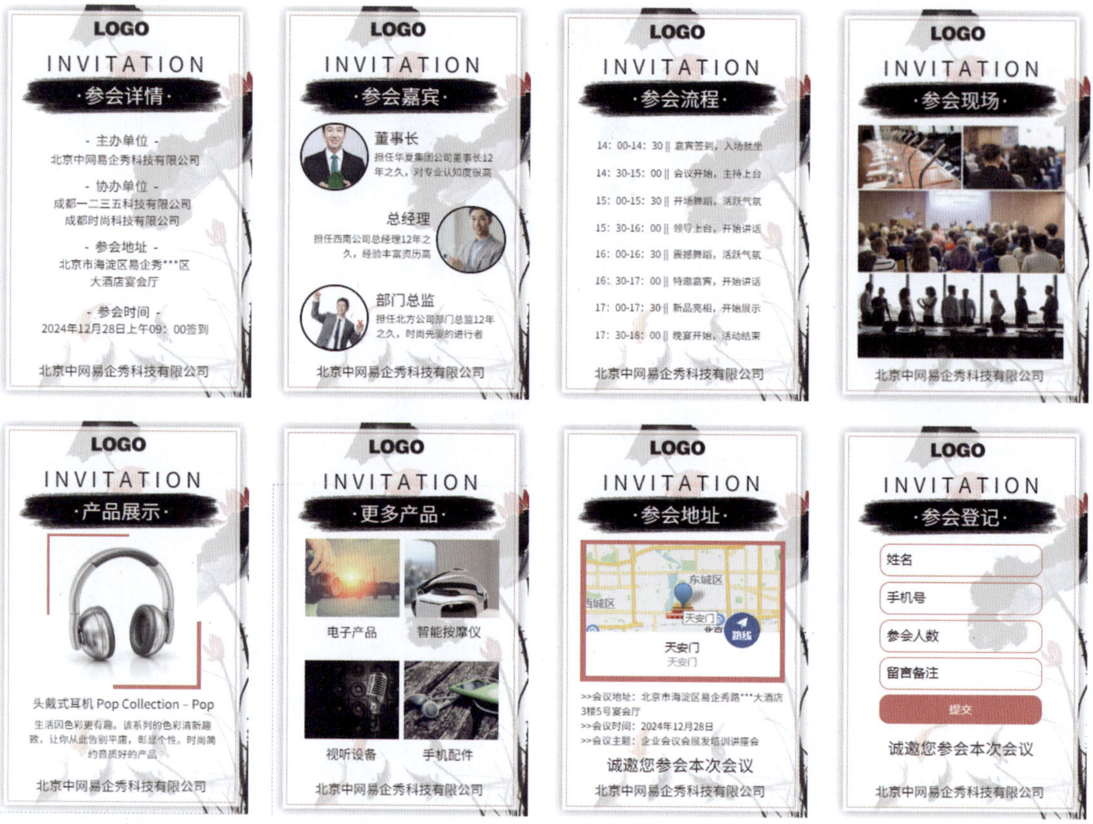

图 3-58

特殊组件： 运用飘落物——雪花，烘托气氛；运用微信头像获取功能，使用户打开作品时能直接读取微信头像和昵称信息，从而产生互动感和参与感。

第 4 章

H5 制作的高级功能应用

本章介绍 H5 设计中常用的高级组件、表单组件、互动组件、智能组件、特效等。高级功能的应用，可以增强 H5 的互动性和趣味性，同时发挥 H5 收集数据的功能。本章内容包括当前 H5 中常见的设置，如轮播图、数据图表、地图、拨打电话、投票、抽奖、点赞、留言、人脸识别等。

【本章学习任务】

认识易企秀高级组件并掌握其使用方法。

认识易企秀表单组件并掌握其使用方法。

认识易企秀互动组件并掌握其使用方法。

认识易企秀智能组件并掌握其使用方法。

认识易企秀特效场景。

练习复杂 H5 的制作。

练习小清新唯美紫色 H5 的制作。

4.1 认识高级组件

易企秀 H5 编辑器中包括很多高级组件，本节介绍一些常用的高级组件。

4.1.1 拼图、轮播图

这两个组件多应用于图片上，当需要展示图片（比如产品图片、环境图片、人物照片等）时可以使用。

1. 拼图

易企秀自带很多拼图模板，选择编辑器“组件”中的“拼图”，打开“选择拼图模板”对话框，其中包括多种样式的拼图模板，如图 4-1 所示。在该对话框中，用户可根据自身喜好或者图片的样式选择拼图模板。

选择需要的模板，直接单击就可以使用。例如，选择了两张图片的爱心模板（见图 4-2），直接单击左边的图片，可根据提示换图，如图 4-3 所示。

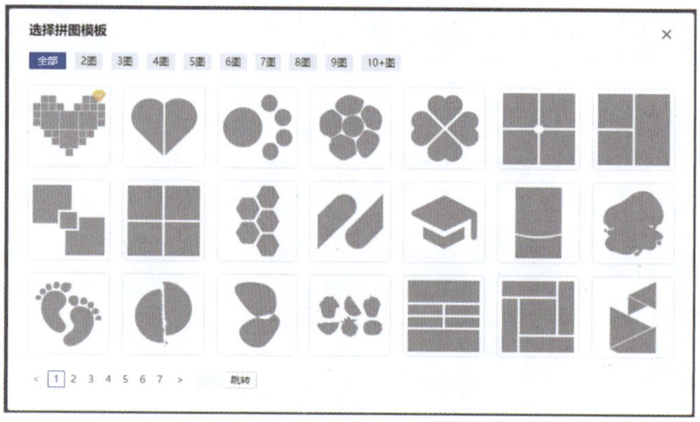

图 4-1

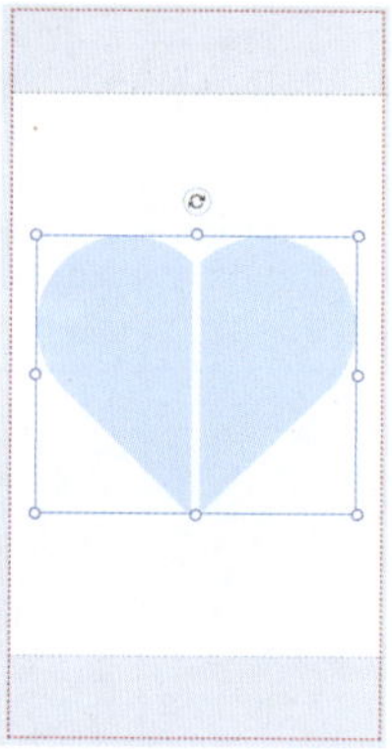

图 4-2

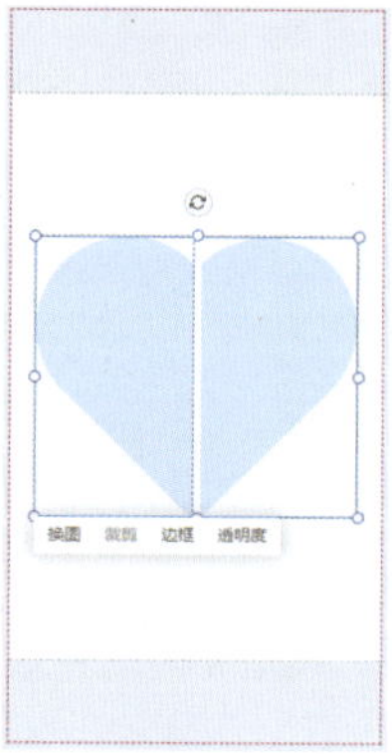

图 4-3

换图后，可根据需要裁切图片，确定裁切范围后，单击“确定”按钮，如图 4-4 所示。最终效果如图 4-5 所示。

图 4-4

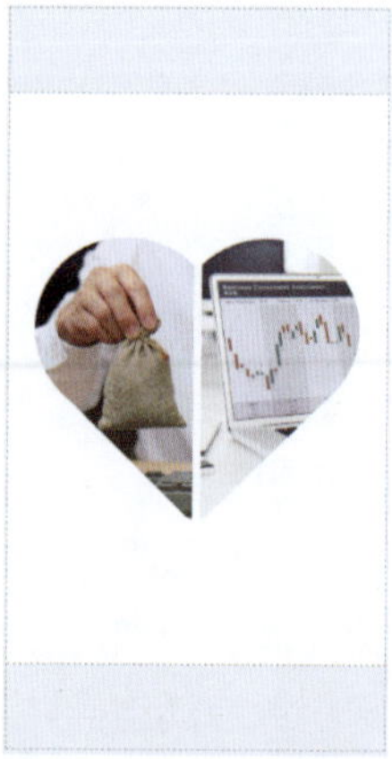

图 4-5

2. 轮播图

轮播图，顾名思义就是能自动播放图片，其中的图片也可以通过手动滑动查看。轮播图可以应用到 H5 中制作微官网首页、展示图片、展示动态效果等。轮播图的风格多样，如图 4-6 所示。

可以根据自身作品选择对应的轮播图风格，比如选择走马灯风格。选择好以后，可以更换图片、裁切图片（可以选择使用系统自动给出的比例进行裁切，也可以自定义比例进行裁切），还可以设置自动切换图片及图片切换的时间，如图 4-7 所示。

图 4-6

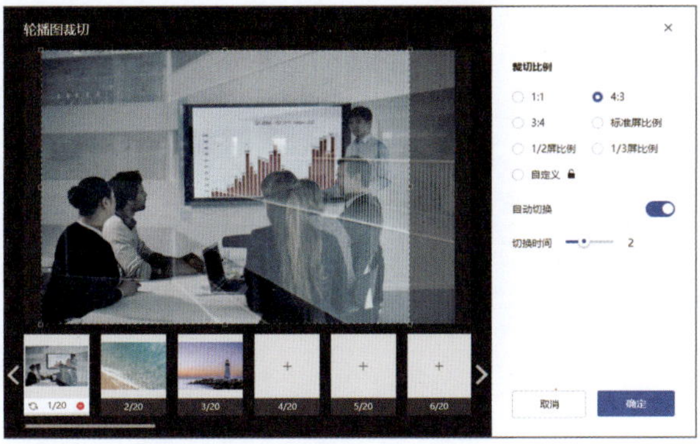

图 4-7

可以为每张图片命名或添加描述，如图 4-8 所示。

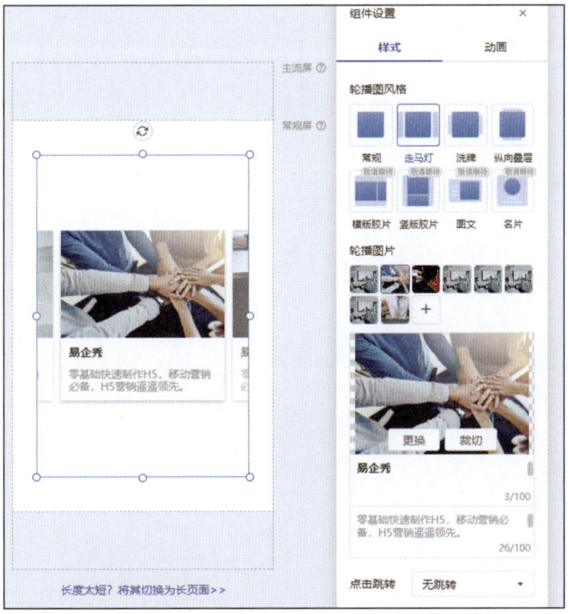

图 4-8

4.1.2 数据图表、随机事件

1. 数据图表

数据图表可应用于年终总结、数据统计（例如每月销售额统计、增长数据统计）等。数据图表的操作方便快捷、类型丰富，如图 4-9 所示。

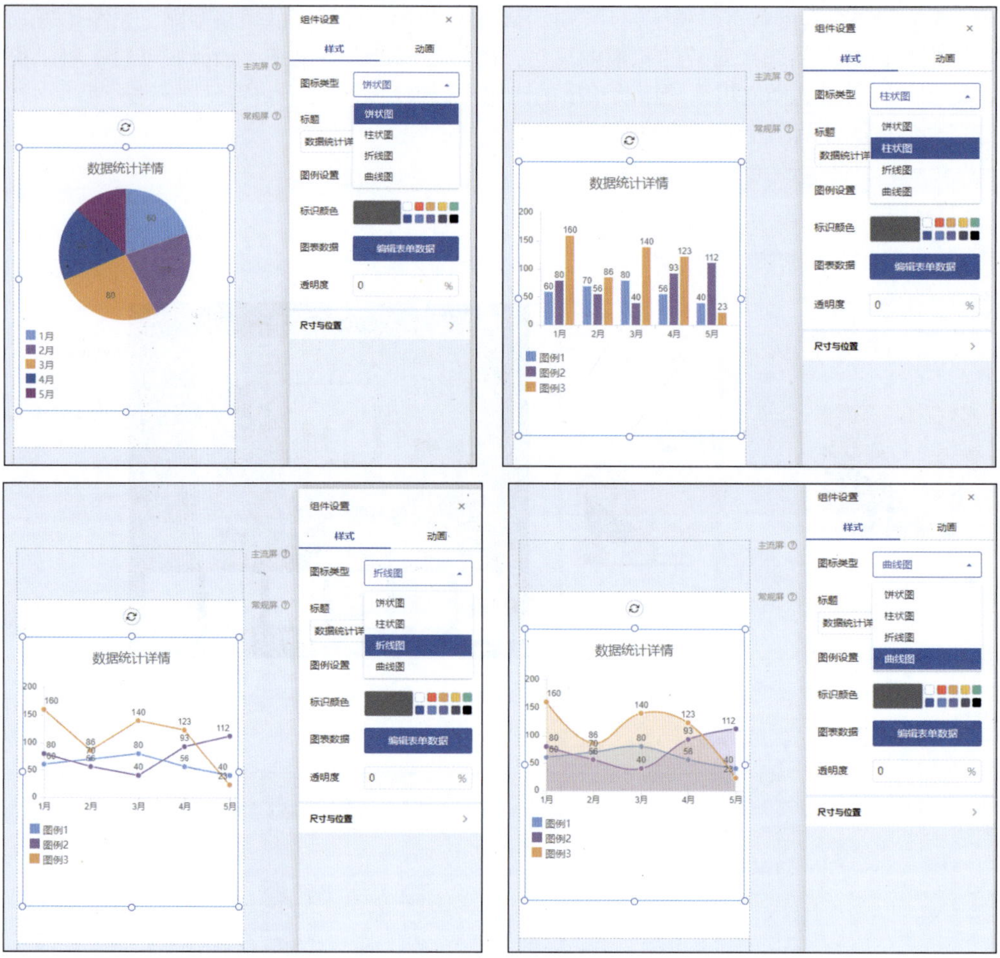

图 4-9

数据统计的标题可根据制作的 H5 的内容设置，如图 4-10 所示。

图例的排列方式多样，包括横向排列、纵向排列、纵向居右等，可以选择不显示图例，如图 4-11 所示。

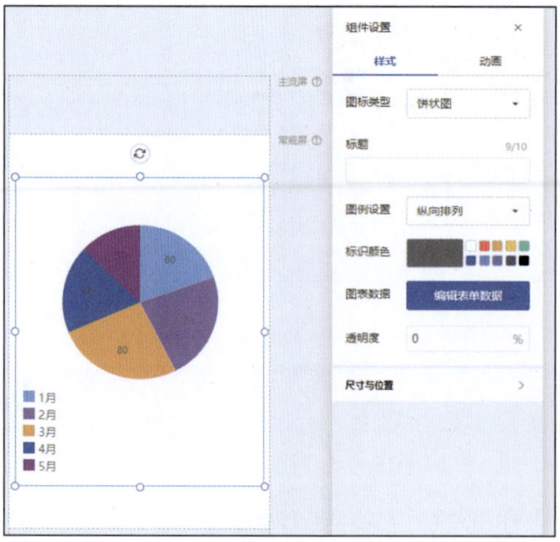

图 4-10

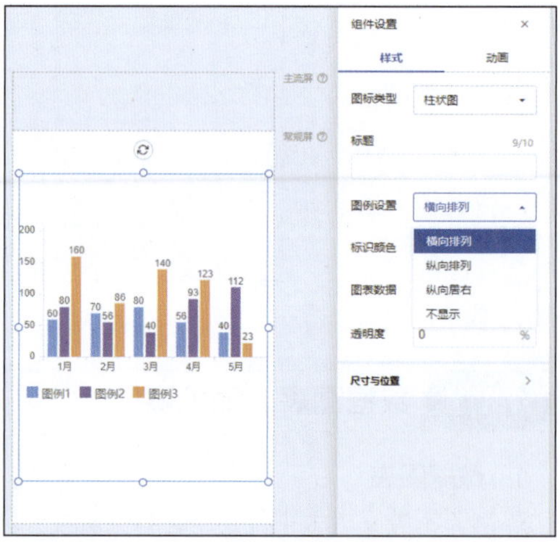

图 4-11

对于数据图表还可进行标识颜色的设置，具体应该根据整个 H5 的风格和颜色进行，如图 4-12 所示。

数据图表中的数据需要根据自己的数据进行设置，如图 4-13 所示。

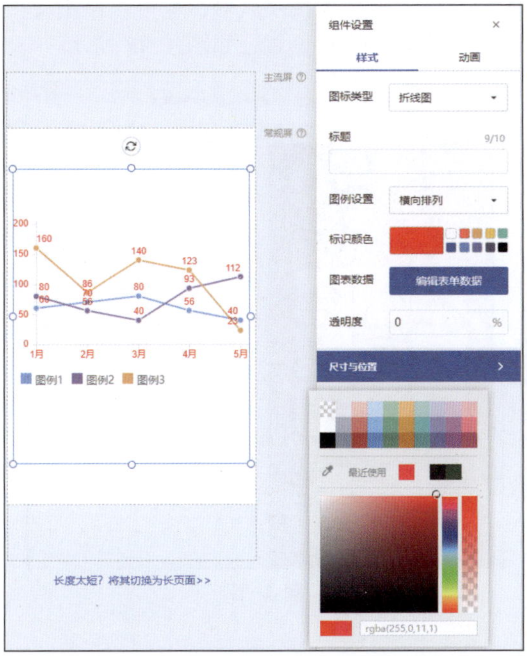

图 4-12

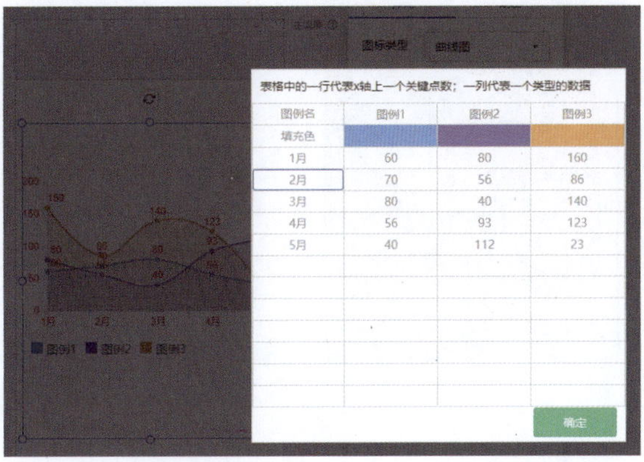

图 4-13

2. 随机事件

随机事件可应用于企业进行线上抽奖、抽签、幸运转盘等活动。封面样式中包括易企秀官方提供的 4 种样式，也可自定义封面样式，如图 4-14 所示。

随机类型包括文本和图片。随机文本可以根据需要添加，而且可以设置颜色、字体、字号，如图 4-15 所示。

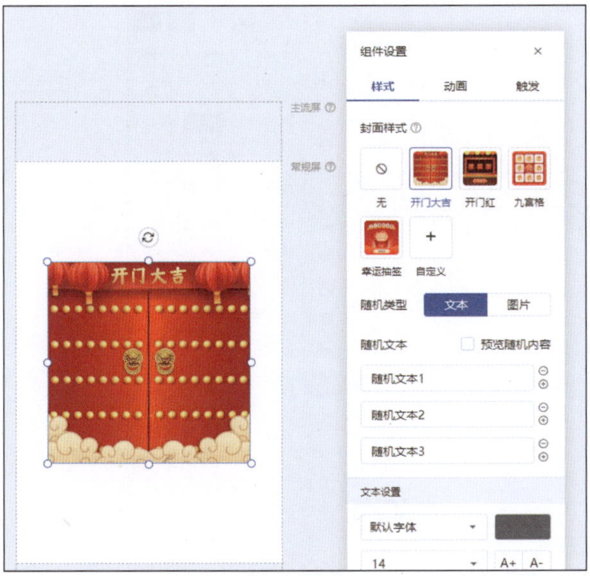

图 4-14

图 4-15

随机图片可用于线上抽奖。线上抽奖的奖品可设置为手机、平板电脑、纸巾、洗衣液等，直接上传奖品对应的图片，供用户应用随机图片功能抽取奖品，如图 4-16 所示。

易企秀还提供了点击截图的功能。通过该功能，抽中奖品的用户可以直接截图以进行线下兑换，达到互动的效果。截图按钮风格多样，可以选择系统自带的几种按钮风格，也可以自定义按钮风格，按钮名称、按钮颜色、文字颜色等应根据整个 H5 的风格进行设置，如图 4-17 所示。

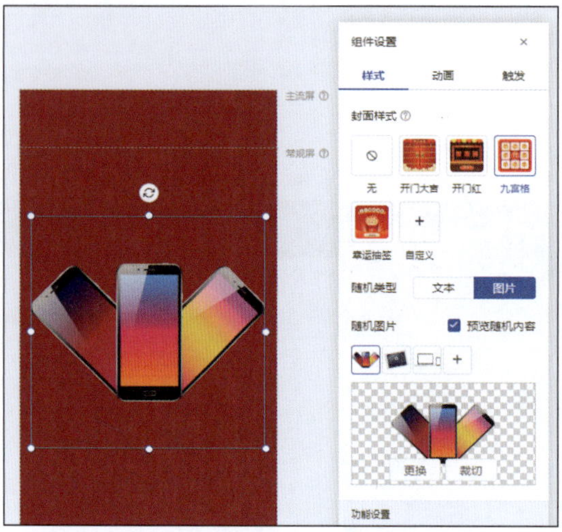

图 4-16

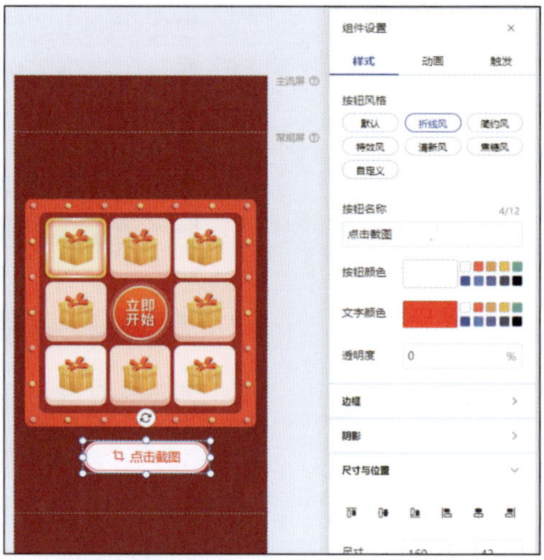

图 4-17

4.1.3 一镜到底、快闪、画中画、立体魔方

1. 一镜到底

在编辑器“组件”中单击“一镜到底”，就可以启动此功能。一镜到底页面至少需要设置 3 页。建议一镜到底页面最好设置在 10 页内，因为页面过多容易出现卡顿现象。首先，设置一镜到底页面的背景，如图 4-18 所示。

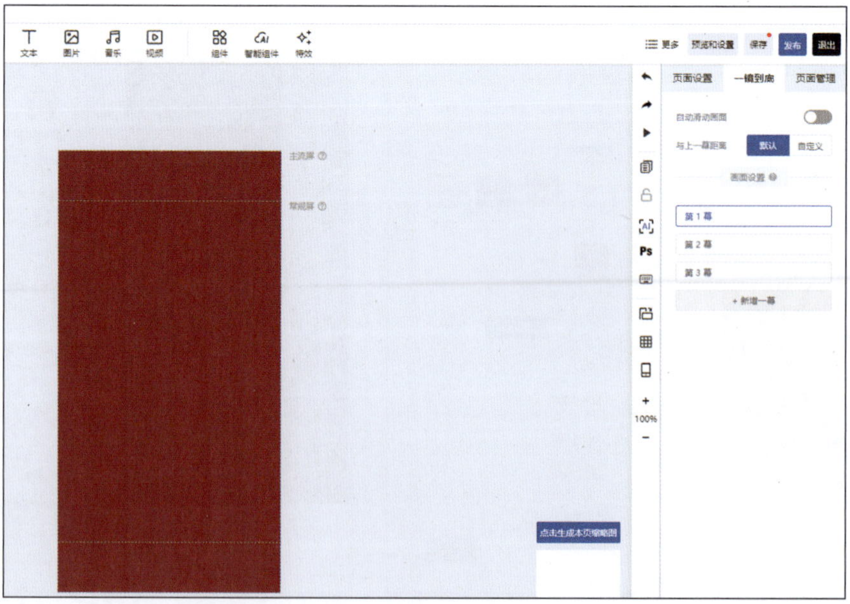

图 4-18

其次，在制作一镜到底页面的时候，需要选择一个主体素材，比如可选择一个圆形为主体素材，圆形中间需要进行镂空设计，如图 4-19 所示。

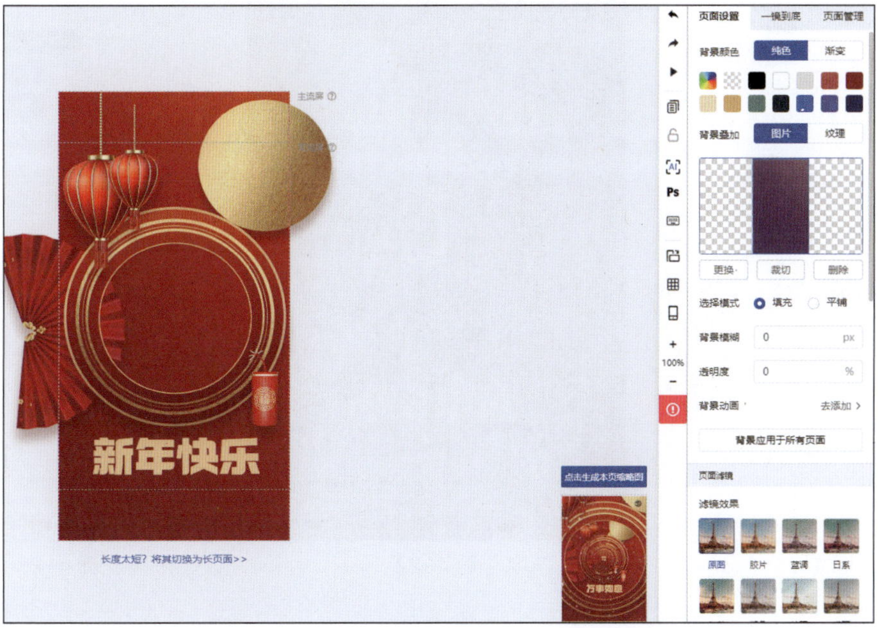

图 4-19

建议从第二幕开始制作一镜到底页面，如果在第一幕上制作，播放时第一幕的内容就很容易被遮盖，如图 4-20 所示。

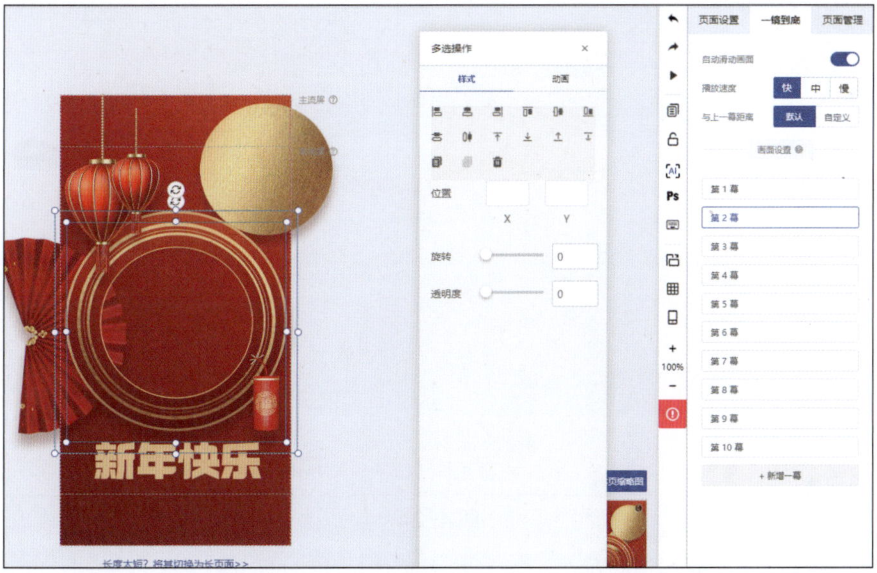

图 4-20

将圆形中间设计为镂空的之后，每一页都通过复制前一页来制作，如图 4-21 所示。

一镜到底页面的最后一页可以放置一个实心的圆形，放文字、图片都可以，播放的时候就能实现一镜到底的效果，即一眼就能看到最后的页面，如同穿过深邃的隧道一样，如图 4-22 所示。

一镜到底页面的播放速度可以根据自身的需求进行设置，注意一定要打开“自动滑动画面”，如图 4-23 所示。

图 4-21

图 4-22

图 4-23

2. 快闪

快闪页面同样至少需要设置 3 页，默认为 3 页，如图 4-24 所示。

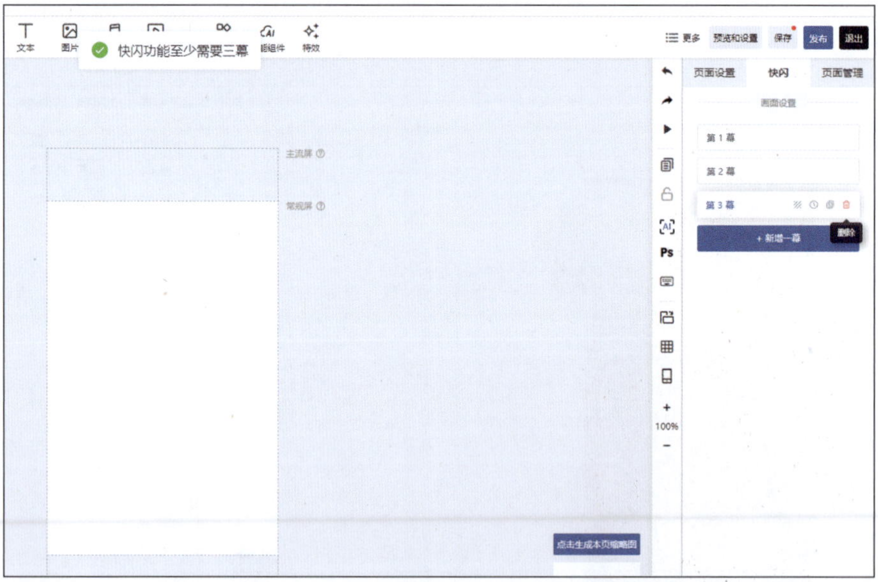

图 4-24

快闪页面应根据 H5 制作。快闪的设置精髓主要在于动画时间的设置，动画时间设置得越短，快闪动画就越快。但是为了给用户带来更好的体验，所制作的快闪内容要保证用户能清楚地看到。在设置很快的快闪动画的时候，页面内容必须精简，不能过于烦琐、复杂，如图 4-25 所示。

快闪应用范围广泛，包括邀请函、企业宣传、培训招生、节日祝福贺卡等，几乎所有的 H5 都可以应用快闪。快闪应用操作简单，只需要设置好快闪的动画、每一页停留的时间，就可以轻松制作好快闪页面。

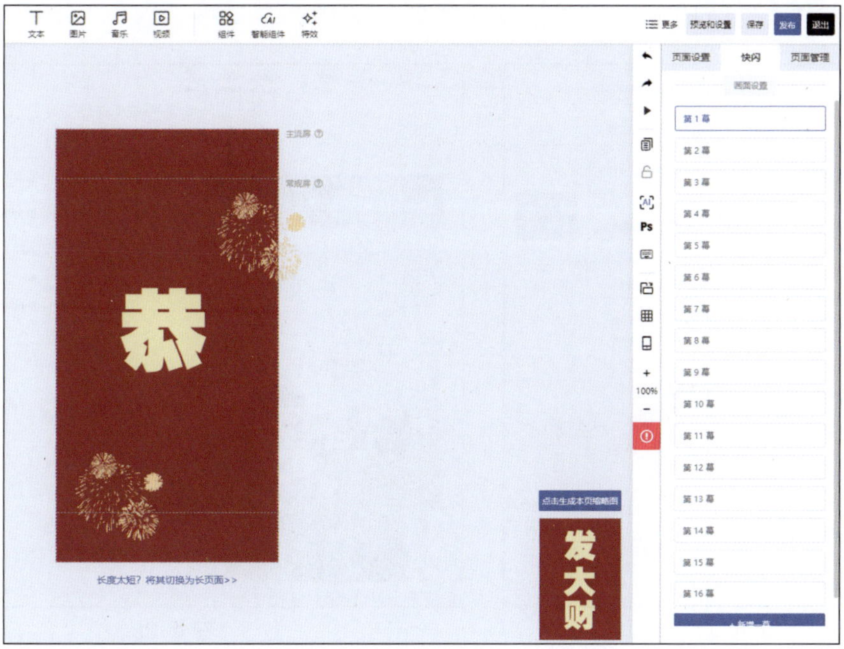

图 4-25

需要注意的是，制作快闪页面的时候，可以在每一页的空白处（页面之外）放置一个元素，让页面停留得更久一点，给用户最完整的体验感，注意需要根据页面素材的动画设置这个空白处的元素的动画，如图 4-26 所示。

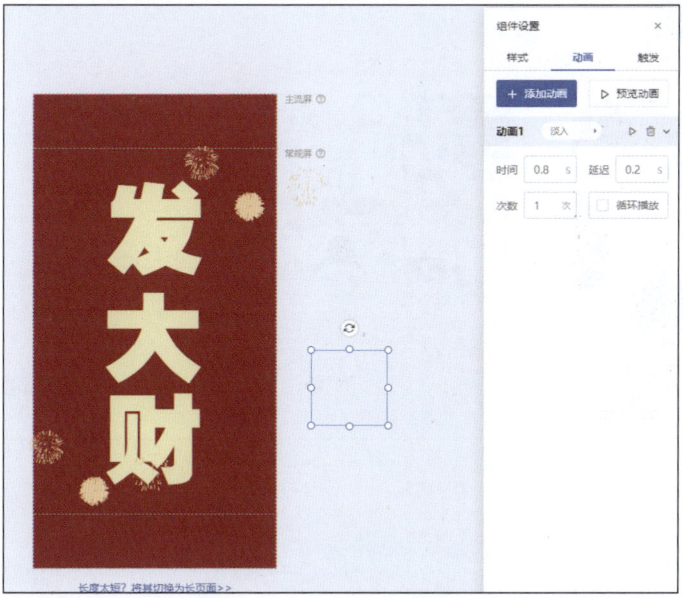

图 4-26

在最后一页的快闪内容中，可以为空白元素设置触发动画，从而使快闪动画自动播放完成后直接跳转到下一页，方便快捷，让用户无须进行滑动操作，如图 4-27 所示。

3. 画中画

画中画，顾名思义就是画里有画。添加画中画组件后就会出现一个自带的按钮，可以使用系统默认的按钮样式，也可以自定义按钮样式，如图 4-28 所示。

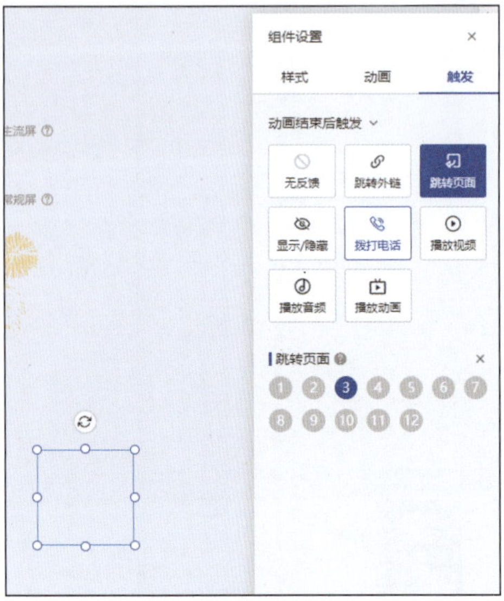

图 4-27

图 4-28

画中画最终呈现的效果是用户打开此页面，按住画中画自带的按钮不松开，可以看到画面一层一层直接呈现的效果，如图 4-29 所示。

使用画中画组件，需要把每一页设计好，把前一页缩小后放到所需位置，如图 4-30 所示。

图 4-29

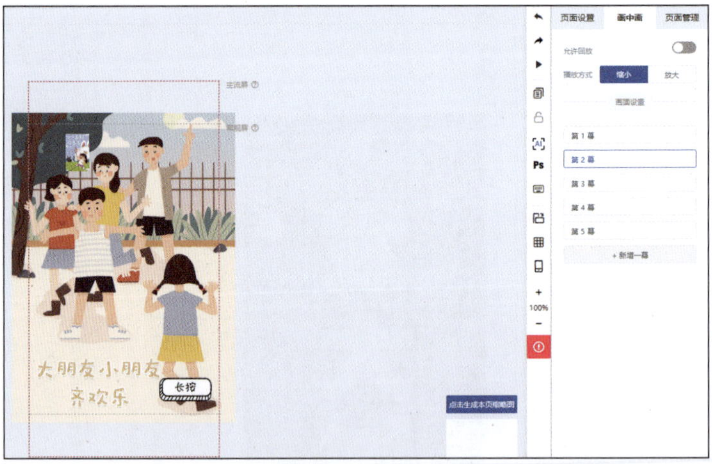

图 4-30

4. 立体魔方

立体魔方应用广泛，风格多样，使用方便快捷。立体魔方风格呈 3D 样式，可以自动旋转以展示各个面，还可以设置每个面的内容，如图 4-31 所示。

在立体魔方风格中，旋转木马可以呈现出图片一张一张显示的效果。选择“旋转木马”，直接上传内容图片即可进行设置，如图 4-32 所示。

3D 全景可以用于设计背景墙，效果类似背景照片墙，如图 4-33 所示。

一镜到底的呈现方式是由远到近地展示照片，如图 4-34 所示。

立体魔方最多只能设置 6 幅内容图片，如图 4-35 所示。

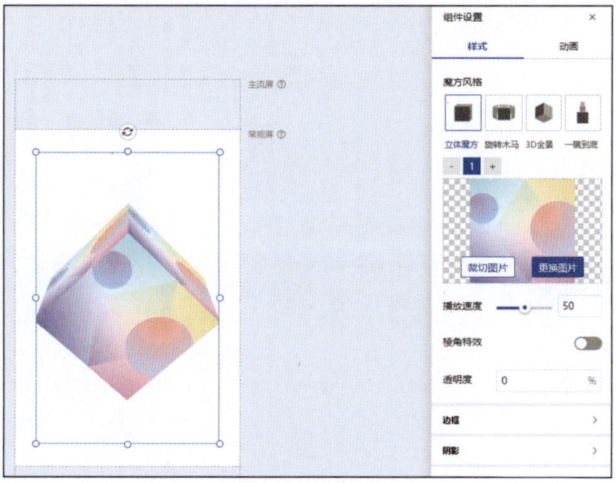

图 4-31

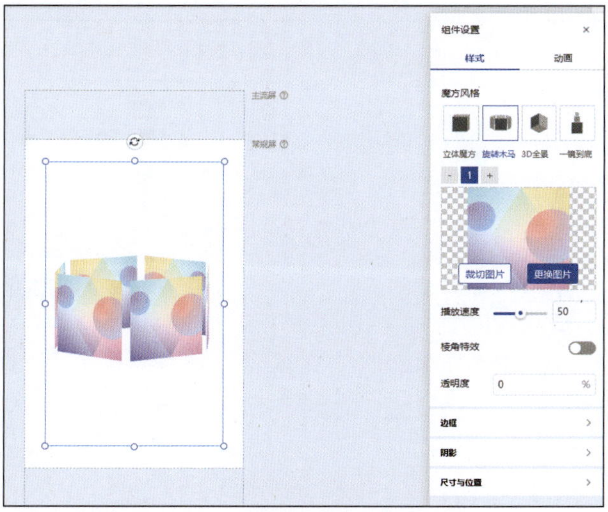

图 4-32

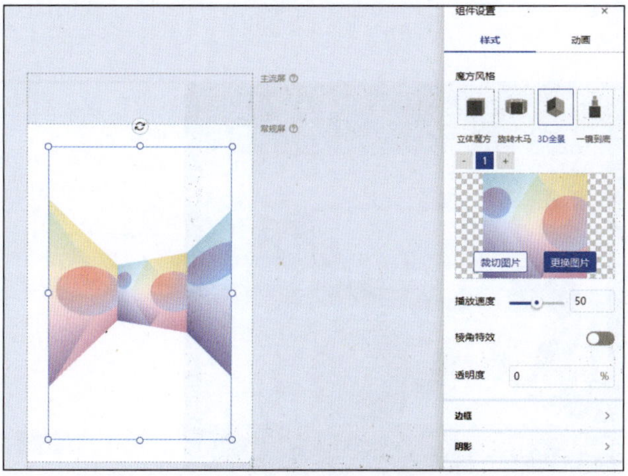

图 4-33

图 4-34

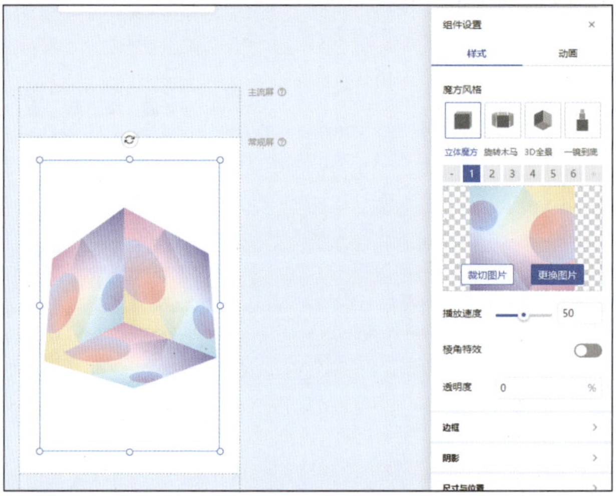

图 4-35

直接单击右侧图片处需要替换的图片，选择需要更换的图片，裁切图片，单击“确定”按钮，如图 4-36 所示。

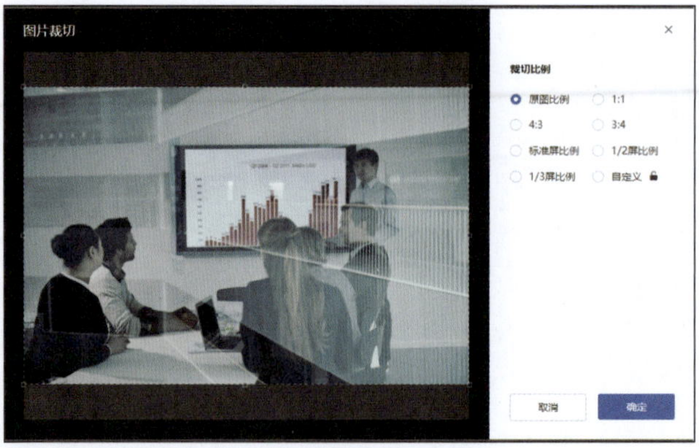

图 4-36

4.1.4 地图、拨打电话、跳转链接

1. 地图

几乎每个 H5 都需要设置地图。用户看到 H5 中的地图，直接点击“路线”按钮，展开地图，点击“导航”按钮，在弹出的列表中选择所要使用的 App，比如百度地图、高德地图等，即可跳转到对应 App 中进行导航，使用方便，如图 4-37 所示。

在易企秀编辑器中可以设置地图，只需在搜索框中输入准确位置，点击搜索按钮，地图就会直接展示出来。

地图样式包括图形样式和按钮样式。图形样式应用较多，有矩形和圆形两种展示类型，如图 4-38 所示。

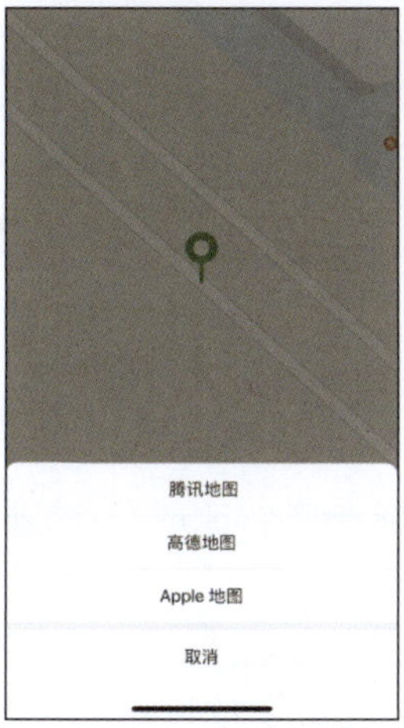

图 4-37

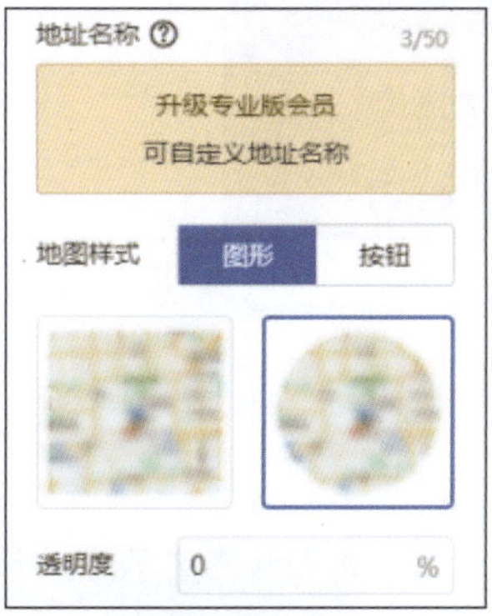

图 4-38

使用按钮样式，页面上不会显示准确位置，而会显示一个按钮，用户点击该按钮就可以直接进行导航操作。该按钮的颜色和其上文本的颜色可以根据制作的 H5 的风格进行调整和修改，如图 4-39 所示。

2. 拨打电话

拨打电话功能方便快捷，实用性强。如果在制作的 H5 中设置此功能，用户在看到电话号码时，就不用手动将电话号码输入手机中，而是直接点击拨打电话的按钮即可拨打电话，如图 4-40 所示。

图 4-39

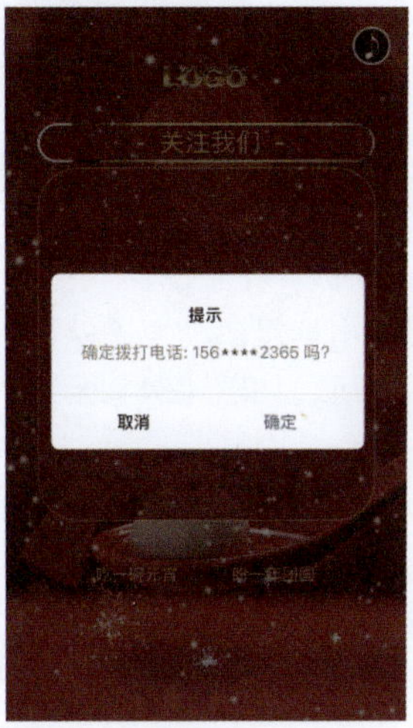

图 4-40

首先，可以直接使用所需文字作为拨打电话的按钮名称，比如一键拨号、一键拨打电话等，如图 4-41 所示。按钮颜色和文字颜色都可以根据整个 H5 的风格和颜色进行设置，如图 4-42 所示。

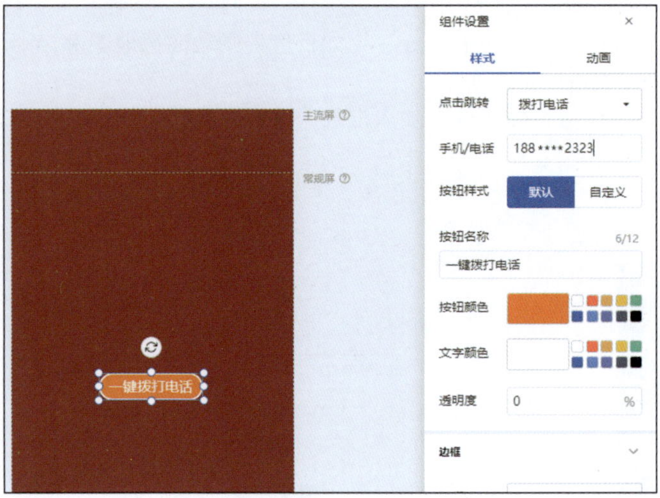

图 4-41

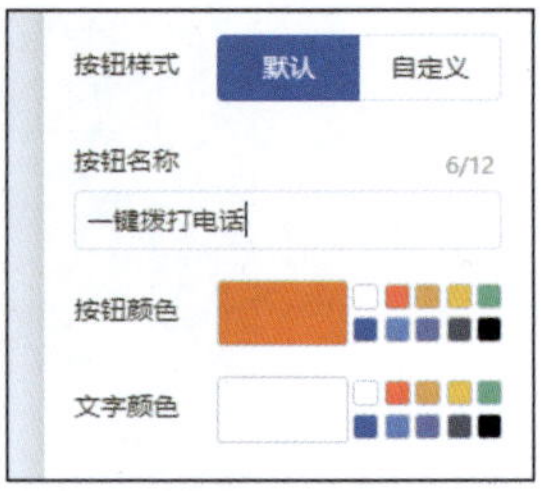

图 4-42

其次，按钮的边框样式、边框弧度等也可以根据喜好或者整个 H5 的设计进行对应设置，如图 4-43 所示。

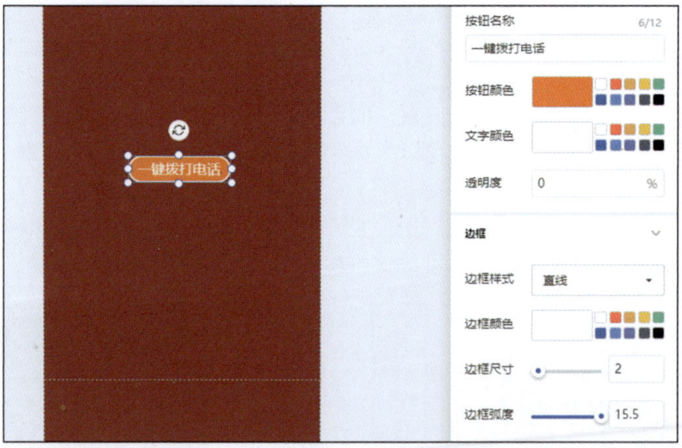

图 4-43

最后，设置电话号码。要确保用户拨打的电话准确无误，只需在“手机 / 电话”输入框中输入对应电话号码即可，如图 4-44 所示。

3. 跳转链接

跳转链接和拨打电话的设置方法相同，可以在编辑器“组件”中选择“跳转链接”，如图 4-45 所示。

也可以在“组件设置”对话框的“点击跳转”下拉列表中选择“跳转链接”，如图 4-46 所示。跳转链接的按钮颜色、文字颜色与拨打电话的按钮颜色、文字颜色一样，都是可以自定义的，如图 4-47 所示。

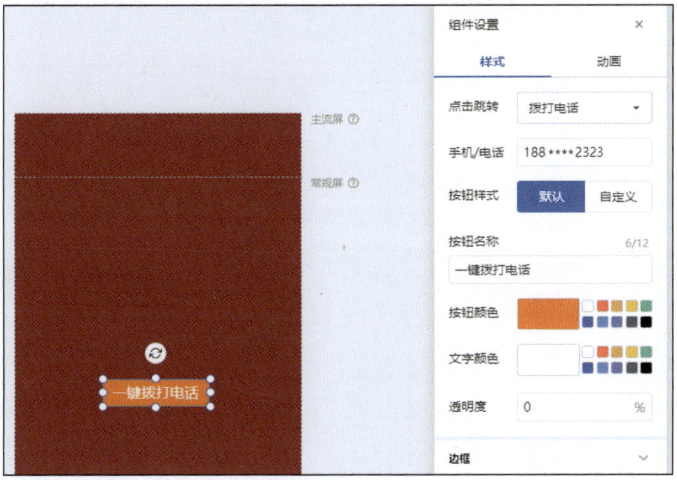

图 4-44

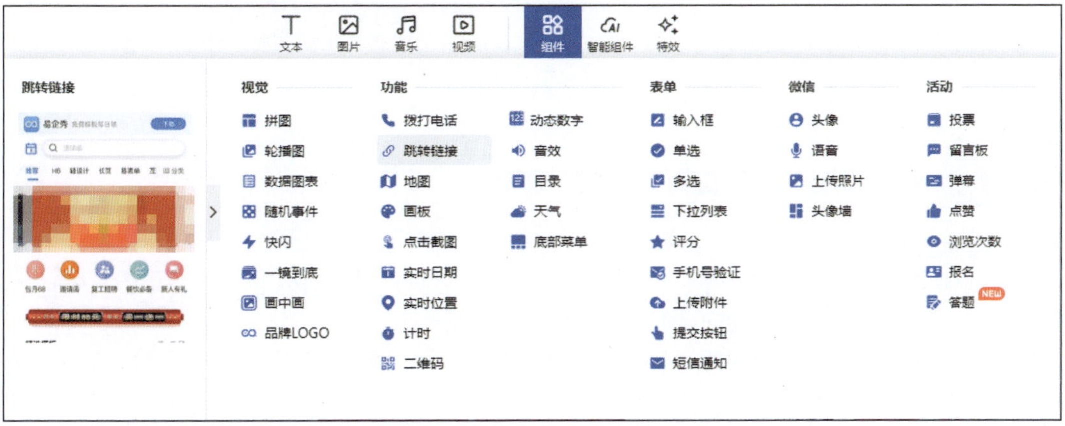

图 4-45

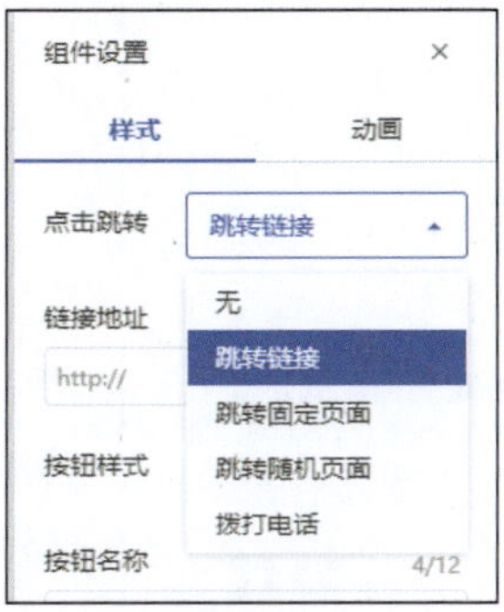

图 4-46

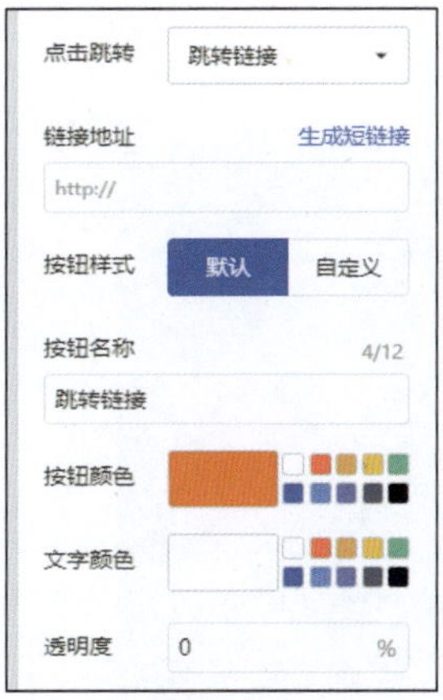

图 4-47

通过跳转链接功能可以跳转到外部网站链接或微网站等，只要“链接地址”中设置的是一个能打开的网址，都可以直接点击跳转，如图 4-48 所示。在“点击跳转”下拉列表中还可以选择“跳转固定页面”以跳转到 H5 内部页面，或者选择“跳转随机页面”以跳转到随机的页面，如

图 4-49 所示。

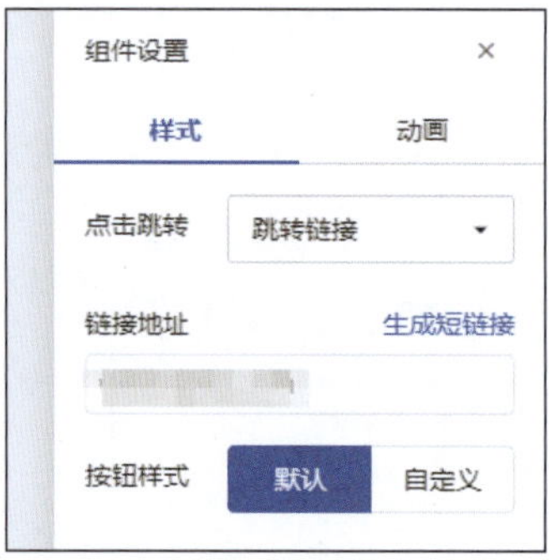

图 4-48

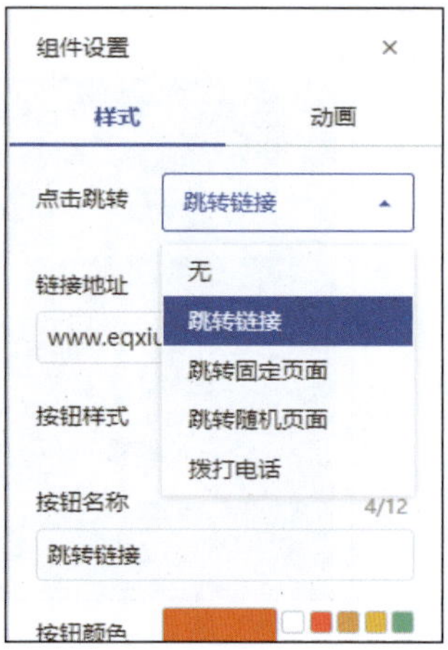

图 4-49

跳转链接功能应用广泛，用户通过该功能可以从 H5 跳转到微网站、企业网站、活动报名网页等，还可以从一个 H5 跳转到另外一个 H5，只要使用的是一个正确的链接，都能点击直接跳转。

4.1.5 实时日期、实时位置、天气、画板

1. 实时日期

实时日期的类型有日、月、年、星期、月 - 日、年 - 月、年 - 月 - 日、阴历年、阴历月、阴历日等，这个日期可以准确设置到某一天，如图 4-50 所示。

用户可以根据自己的喜好设置实时日期的形式、格式、字体、字号、文字色等，如图 4-51 所示。

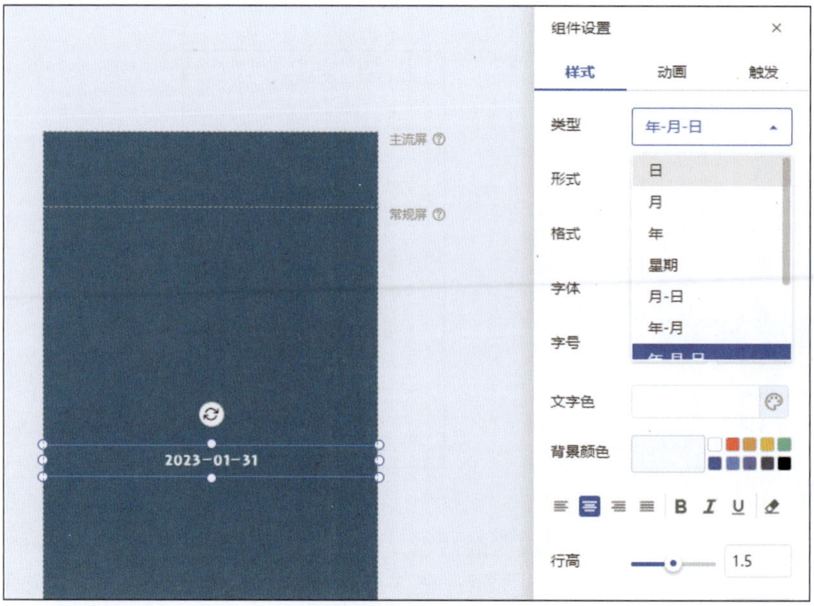

图 4-50

图 4-51

2. 实时位置

实时位置是一个 IP（Internet Protocol，互联网协议）地址。如果用户在北京海淀区打开这个作品，实时位置就显示在北京海淀区；如果用户在成都武侯区打开这个作品，实时位置就显示在成都武侯区，智能又实用，如图 4-52 所示。

在实时位置的“显示设置”中可以勾选“国家”“省份”“城市”“乡 / 镇 / 区”复选框（见图 4-53），让用户打开作品就能直接看到自己的实时位置；也可以根据需要勾选“城市”“省份”等复选框。

显示实时位置的文字的字体、字号、文字色都可以根据作品的整体色调进行设置与调整，如图 4-54 所示。

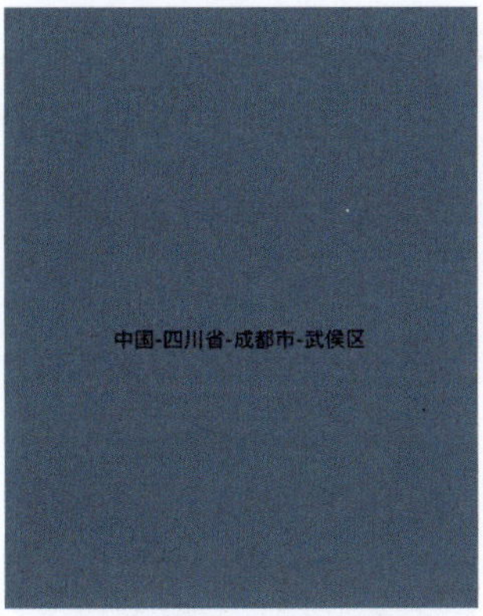

图 4-52

图 4-53

图 4-54

3. 天气

天气组件可根据用户打开作品的实时位置智能、准确地显示用户所在地的天气，还可显示城市地区，实用性强，如图 4-55 所示。

天气组件样式多样，可以根据自身喜好选择，如图 4-56 所示。

图 4-55

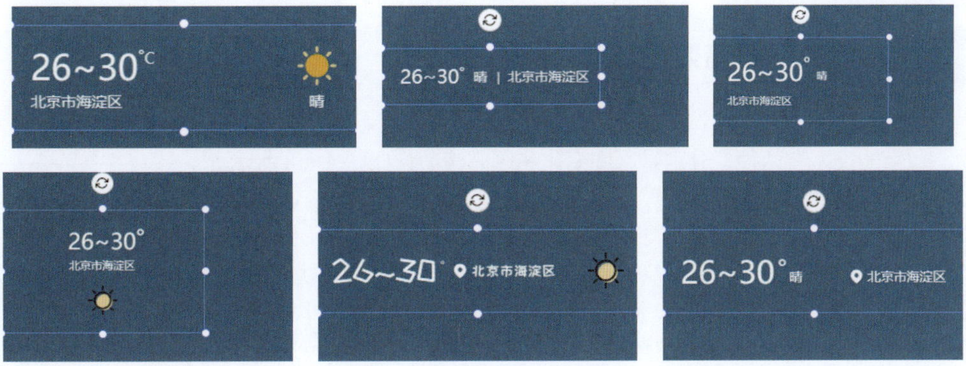

图 4-56

在编辑器中设置该组件的时候，样式仅供展示，未包含具体的天气信息，作品发布后可在手机上查看天气信息，如图 4-57 所示。

用户可以根据作品的整体色调选择天气组件的文本颜色和背景颜色，如图 4-58 所示。

图 4-57

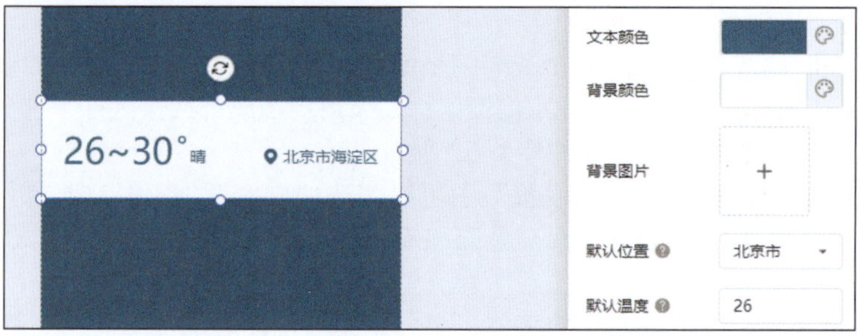

图 4-58

4. 画板

画板组件互动性强，实用性好，用户可根据提示进行操作，如写字、画画等，如图 4-59 所示。

画笔尺寸、画笔样式、画笔颜色、背景颜色都可以自行设置。画笔样式有 5 种，可以根据自己的喜好选择，如图 4-60 所示。

最终呈现效果：用户打开此页面，点击左上角的画笔图标，根据提示进行操作，完成操作后点击“完成”按钮，如图 4-61 所示。

图 4-59

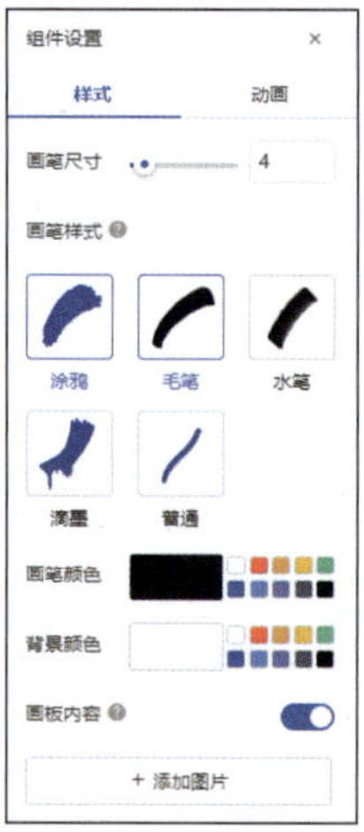

图 4-60

图 4-61

4.1.6 动态数字、音效、目录

1. 动态数字

动态数字的类型有两种，分别是区间变化和区间滚动，如图 4-62 所示。

动态数字的起始数值和终止数值都是可以设置的，数字的字体、字号、文字色根据整个页面的风格进行调整与设置，如图 4-63 所示。

动态数字组件常用于展现一年结束准备进入下一年的数字跳动，比如元旦、从 2023 年进入 2024 年，让用户感受到时间的流逝，如图 4-64 所示。

动态数字组件还可以用于计数。设置好起始数值、终止数值，动态数字将从起始数值自然跳动到所设置的终止数值，如图 4-65 所示。

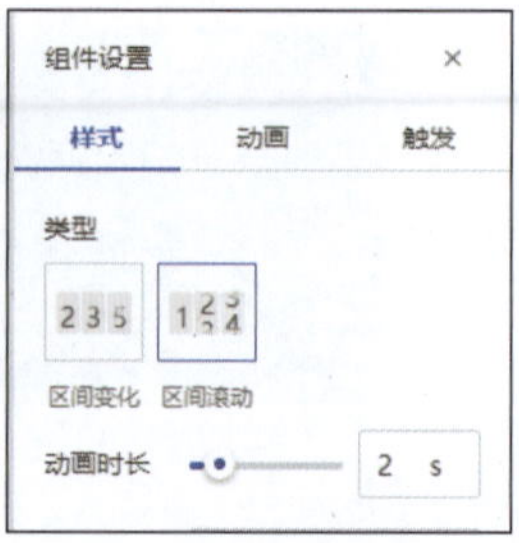

图 4-62

2. 音效

音效组件可用来制作互动型的 H5。比如在 H5 中设置了音效按钮，让用户一点击此按钮就能听到对应声音，从而增强整个 H5 的趣味性。

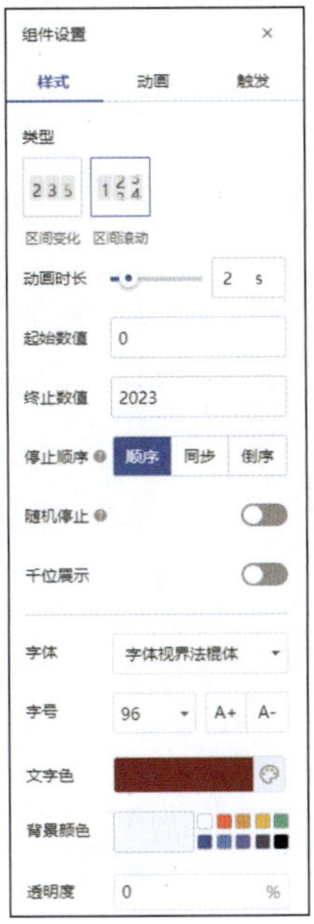

图 4-63

图 4-64

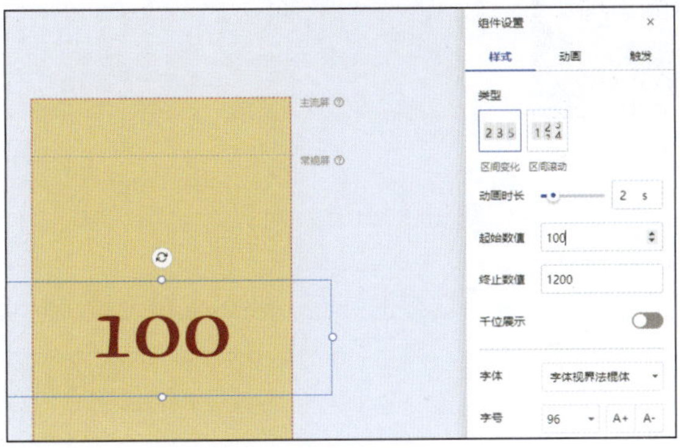

图 4-65

音效按钮可以使用易企秀官方提供的，也可以根据整体设计自定义。按钮颜色、文字颜色、边框样式、边框弧度等都可根据自身喜好选择，如图 4-66 所示。

单击“添加音效”按钮可以自己上传音效，也可以使用易企秀官方提供的音乐或音效，如图 4-67 所示。注意音乐可裁切。

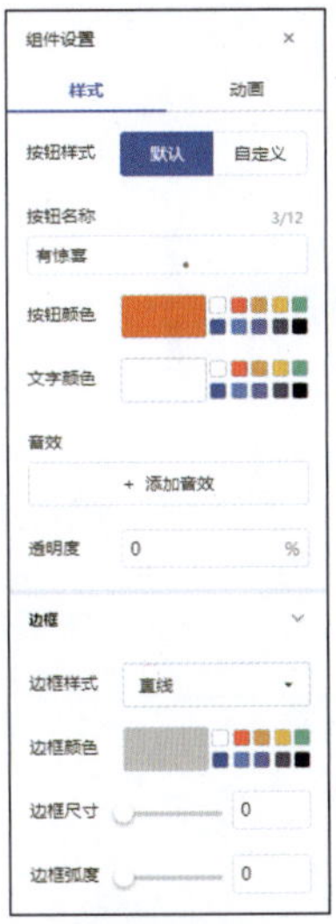

图 4-66

图 4-67

设置好音效以后，用户打开相应页面，点击“点击收听语音祝福”按钮，就可以播放音效的内容，如图 4-68 所示。

3. 目录

目录组件可应用到企业宣传画册类 H5 中。设置目录可以让用户对 H5 的内容一目了然，知道所宣传的内容具体是什么，还可以让用户点击目录内容跳转到所对应的页面，增强 H5 的实用性和互动性。

按层级，目录可分为单层级目录和多层级目录。单层级目录样式分为图片样式和时间轴样式，如图 4-69 所示。

图 4-68

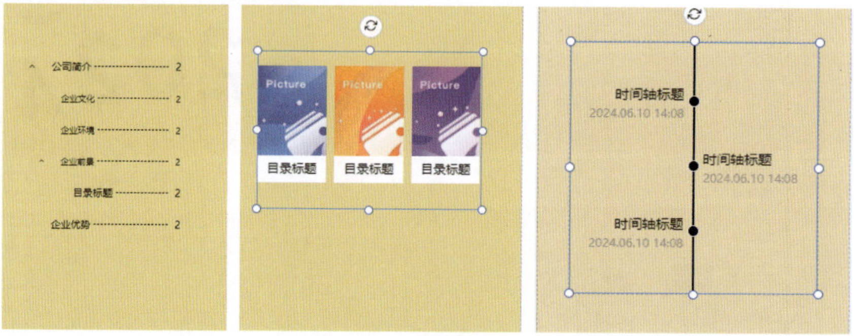

图 4-69

多层级目录的层级可分为一级、两级、三级（类似于包含主标题、副标题、小标题的层级关系），如图 4-70 所示。

可根据需要设置各个层级的标题，还可直接设置跳转页面，如图 4-71 所示。

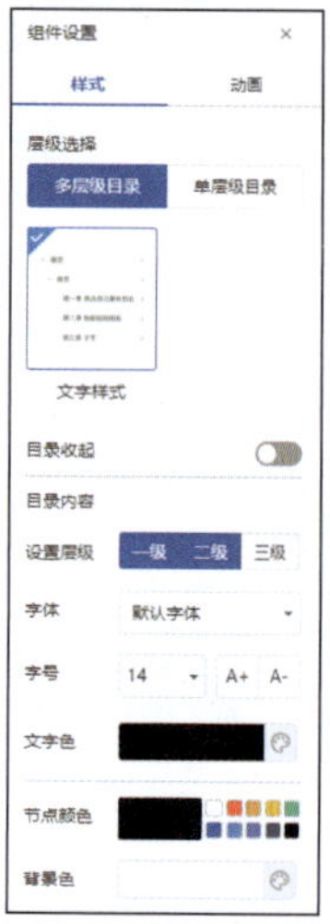

图 4-70

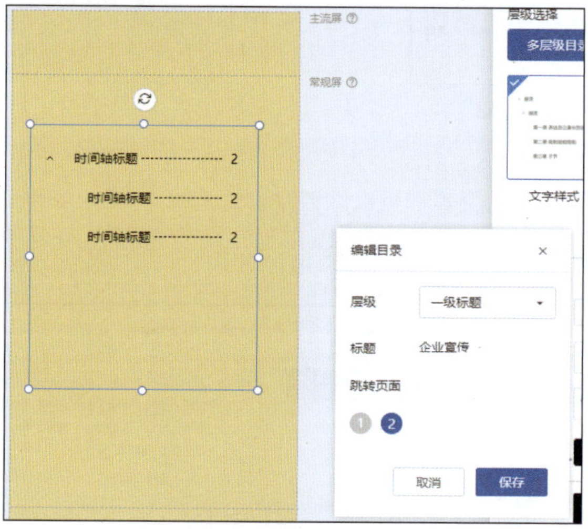

图 4-71

单层级目录只有一个层级的关系，可以直接根据系统提供的样式编辑对应的标题文字，也可直接设置跳转页面。选择使用图片样式可以更换图片、编辑标题、设置跳转页面，如图 4-72 所示。

选择使用时间轴样式可以直接编辑标题、设置跳转页面，如图 4-73 所示。

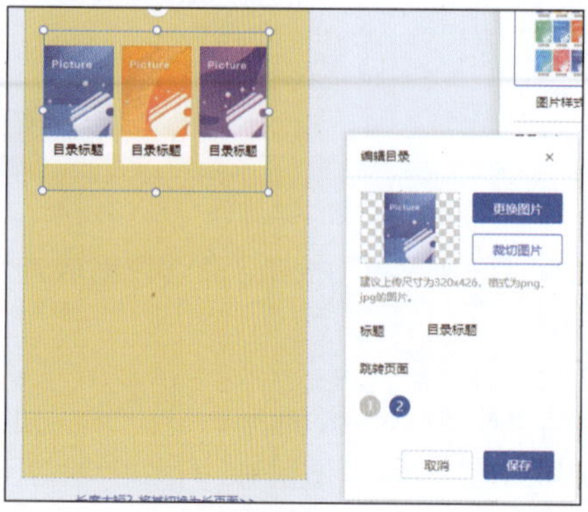

图 4-72

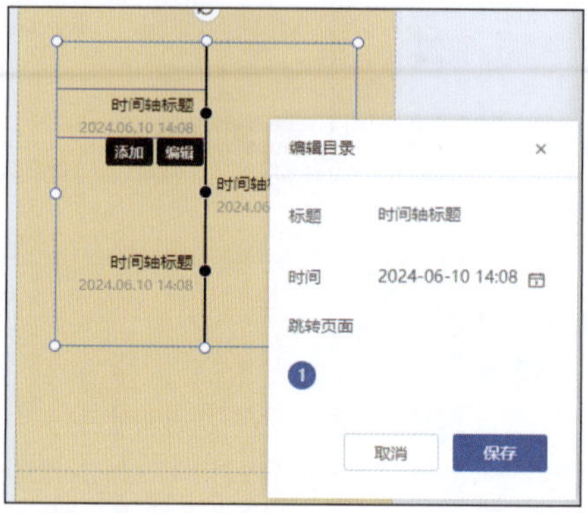

图 4-73

4.1.7 底部菜单、点击截图、计时

1. 底部菜单

点击组件中的“底部菜单”，可以进入后台设置，勾选“显示底部菜单”复选框；在“主菜单样式”处，可以设置底部菜单的文字颜色、背景颜色、分割颜色；菜单项可以增加或删除，还可对某一个菜单进行子菜单设置，如图 4-74 所示。

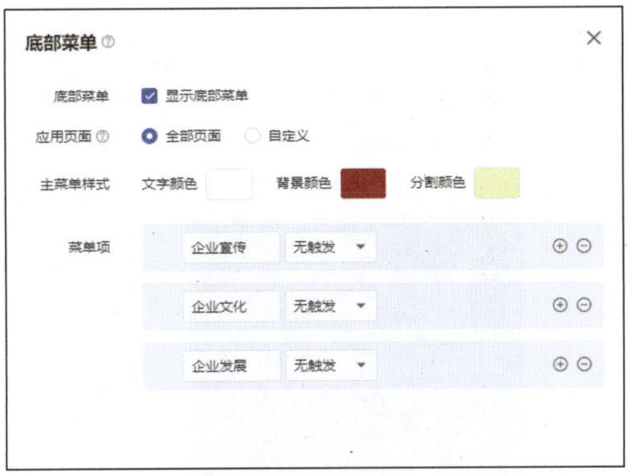

图 4-74

可以为菜单项设置触发，触发可以设置为跳转外链、跳转页面，或者拨打电话，如图 4-75 所示。

底部菜单组件可应用于企业宣传、微官网等。用户打开作品，可以根据自己的需要点击首页的底部菜单，直接跳转到对应页面。设置好的底部菜单会固定出现在每一个页面上，但是对使用了一镜到底、画中画、快闪、模拟对话、语音助手特效的页面不生效，如图 4-76 所示。

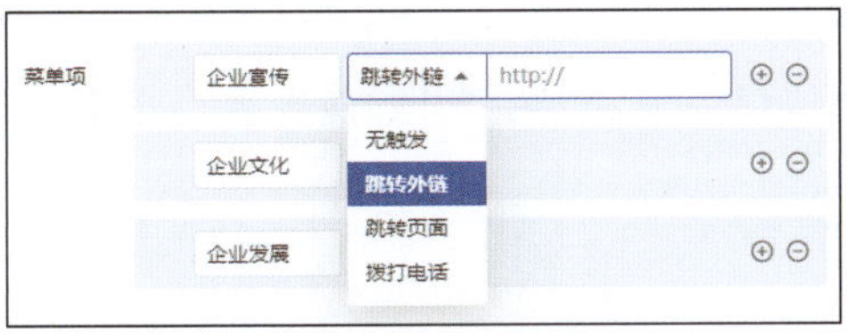

图 4-75

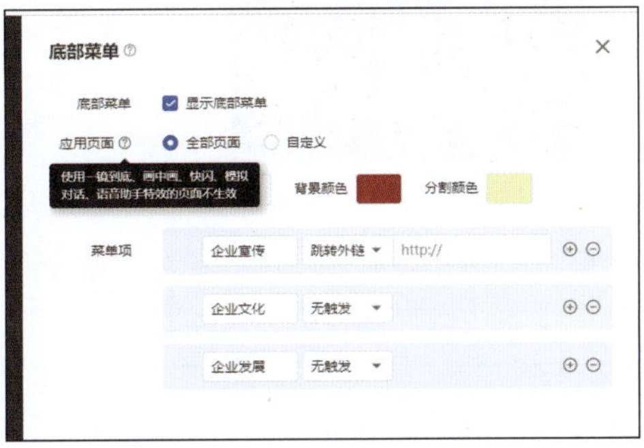

图 4-76

2. 点击截图

点击截图组件互动性强，用户可以使用截图来进行宣传或发朋友圈。点击截图的按钮风格多种多样，按钮名称、按钮颜色、文字颜色、边框弧度等都可自行设置，如图 4-77 所示。

图 4-77

3. 计时

计时组件可用于设置活动倒计时，如高考类 H5 的倒计时，以起到警示、提醒的作用。

计时类型有倒计时和正计时。倒计时需要设置截止时间，其字号、文字色、背景颜色等都可以根据整体色调进行设置。开启“截止后显示内容”，倒计时结束后显示的文本内容可以自定义，如图 4-78 所示。

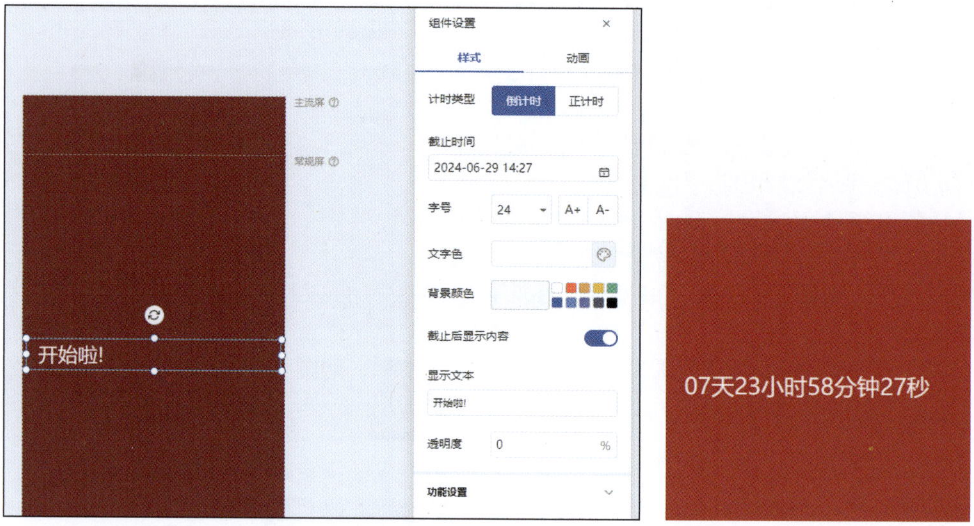

图 4-78

正计时需要设置开始时间，字号、文字色等都可以自定义。开启“开始前显示”，正计时开始前显示的文本内容可以自定义，如图 4-79 所示。

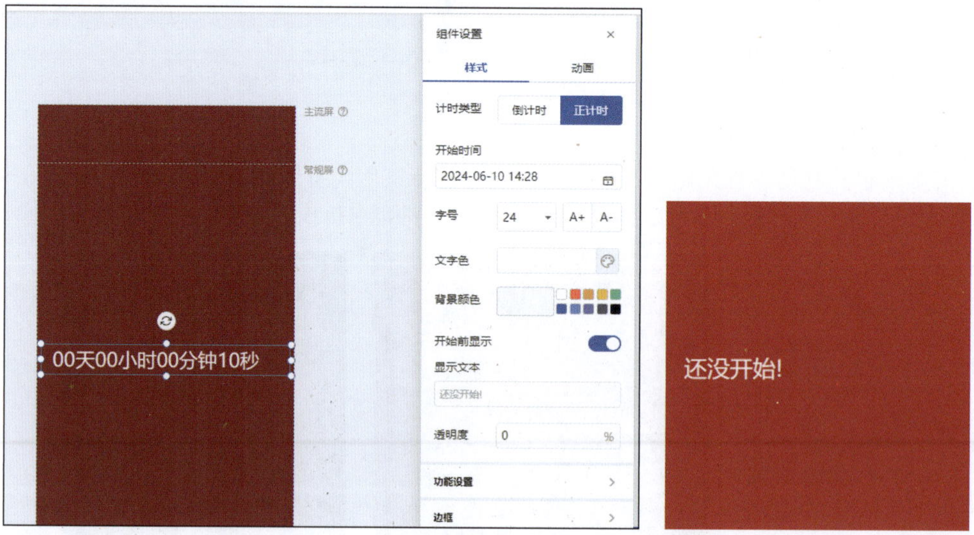

图 4-79

4.2 认识表单组件

本节介绍一些常用的表单组件。

4.2.1 输入框

输入框应用极广，基本每个 H5 都需要使用此组件。比如，在邀请函、企业宣传、招生、招聘等类 H5 中，输入框可以用于收集客户信息，也可以用于收集客户意见或建议。用户需要根据输入框的显示内容填写对应的信息。

输入框的输入类型有姓名、电话、邮箱、日期、文本，如图 4-80 所示。值得一提的是，如果你要收集如参会人数、意见、建议、孩子年龄等信息，应选择文本类型，如果选择姓名、电话类型，用户将无法填写，因为输入内容的格式不正确，不允许提交。所以当收集信息的类型超过现有类型的时候，一律选择文本类型，如图 4-81 所示。

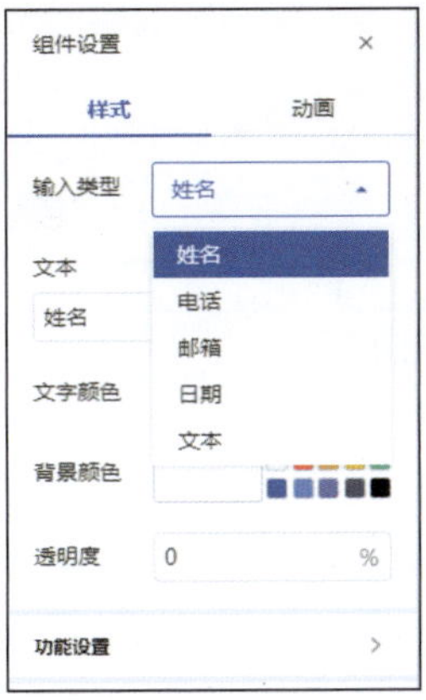

图 4-80

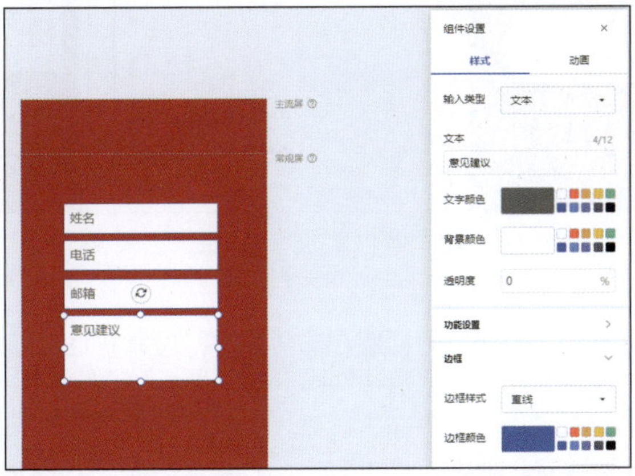

图 4-81

输入框的文字颜色、边框颜色、边框弧度等都可以根据自身喜好或 H5 的风格进行设置，如图 4-82 所示。

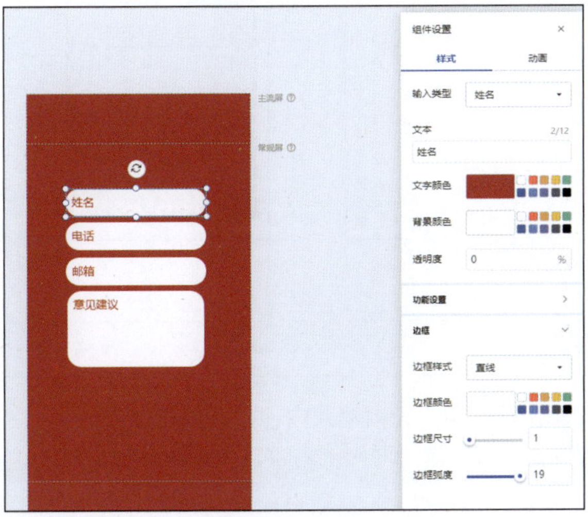

图 4-82

4.2.2 单选和多选

1. 单选

单选组件可用来制作答题类 H5。当答案只有一个时，可以使用单选组件。单选组件默认包括

3 个选项，可以根据需要删减或增加选项，如图 4-83 所示。

可以根据自己的内容修改单选组件的标题和选项，也可以根据需要设置主题颜色和标题颜色，如图 4-84 所示。单选组件可以切换到多选组件，如图 4-85 所示。

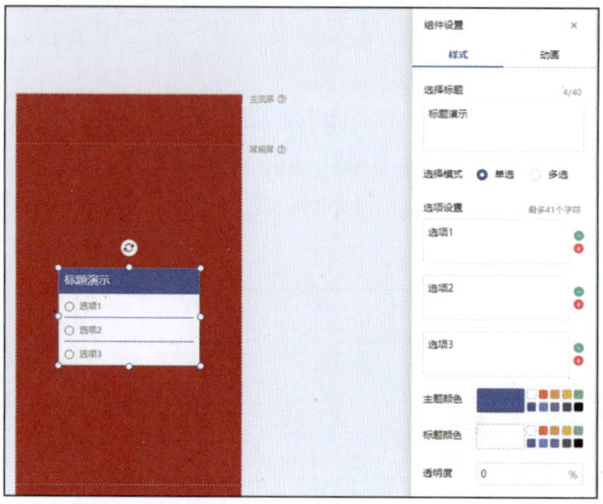

图 4-83

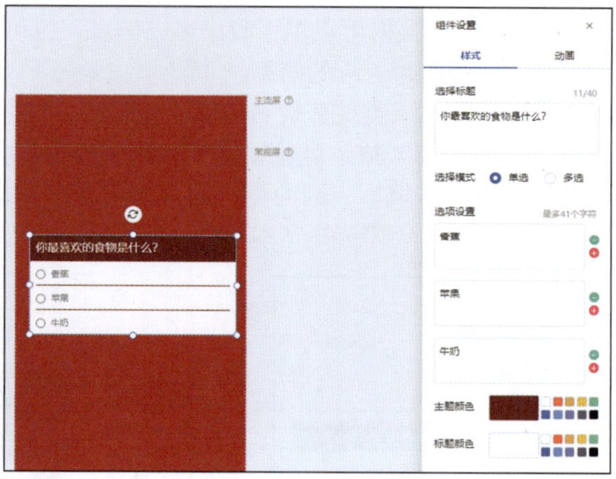

图 4-84

2. 多选

多选组件也可以对标题、选项等进行设置并且可以切换到单选组件，如图 4-86 所示。

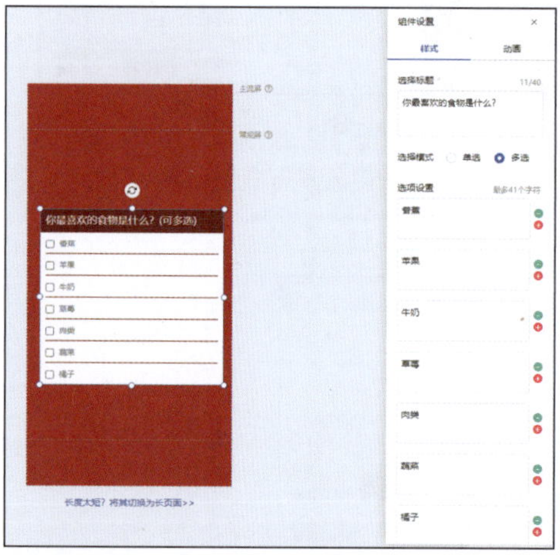

图 4-85

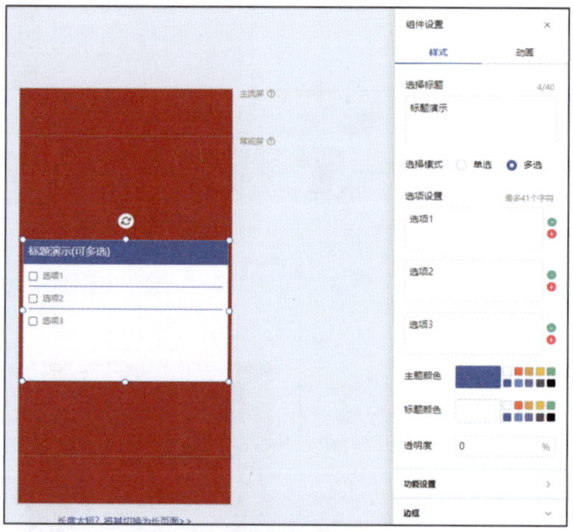

图 4-86

4.2.3 下拉列表

下拉列表使用起来简单快捷，用户无须输入内容，直接点击右侧小三角，就可以根据下拉列表的占位文本选择对应的内容，如图 4-87 所示。

图 4-87

在编辑器“组件”中选择“下拉列表”，打开“组件设置”对话框，在其中可以对下拉列表中的选项进行设置，可以先根据需要在“选项设置”输入框中输入对应的内容，再把占位文本编辑好，如图 4-88 所示。

选项设置可根据需要进行删减或增加，点击“+”或“-”图标按钮 即可实现，如图 4-89 所示。

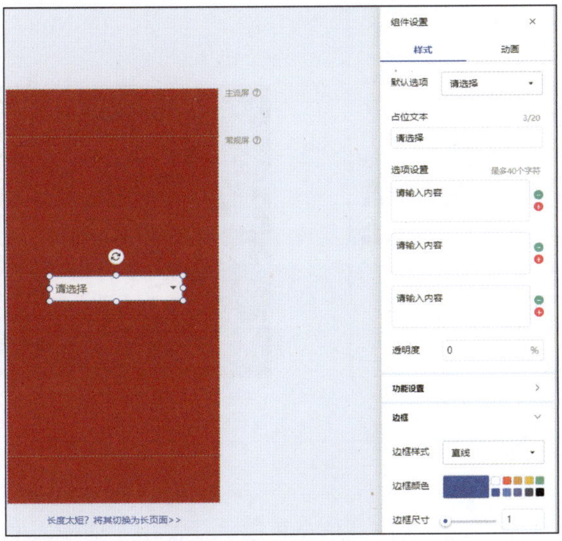

图 4-88

图 4-89

边框样式、边框颜色和边框弧度等都可以根据需要进行修改与设置，如图 4-90 所示。

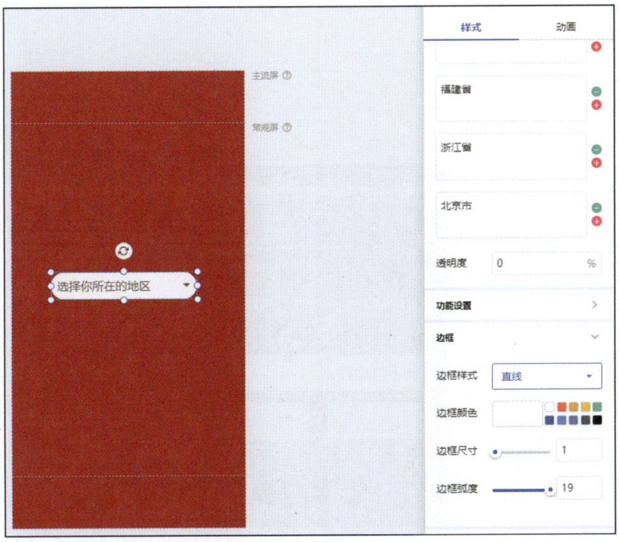

图 4-90

4.2.4 评分

评分组件可应用于 H5 末尾。与购物时对商品进行评价类似，用户看到我们制作的 H5，比如公司宣传类 H5，可以对公司进行评价。在制作活动促销类 H5 的时候，也可以使用该组件，让用户对活动的热情度进行评分等，如图 4-91 所示。

评分组件的评分标题可编辑，按钮图标可选择，图标颜色可修改，背景颜色可更换，如图 4-92 所示。

用户在浏览该组件的时候，就可以根据标题进行评分，比如点亮 3 颗星、5 颗星等，如图 4-93 所示。

图 4-91

图 4-92

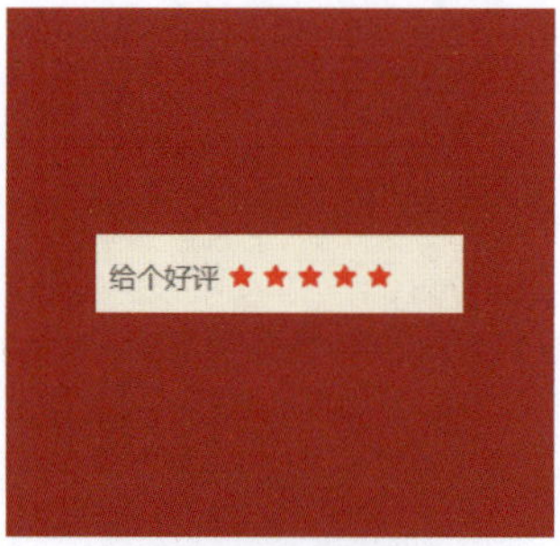

图 4-93

4.2.5 手机号验证

手机号验证组件可根据自己的需要选择使用。收集电话信息可以直接使用普通输入框，也可以使用手机号验证组件，区别是手机号验证需要用户填写真实有效的手机号码，收到验证码后才可以进入填写，这样能够保证号码的准确性。使用此功能需要购买短信套餐，如图 4-94 所示。

选择手机号验证组件，输入框、输入框颜色、边框颜色、文字色等都可以根据整体风格进行调整与修改，如图 4-95 所示。

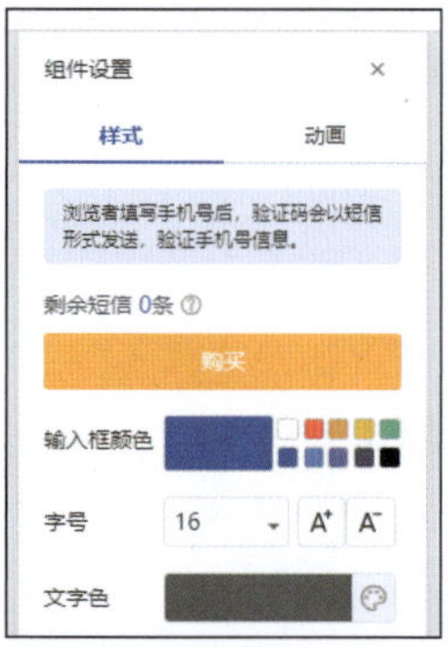

图 4-94

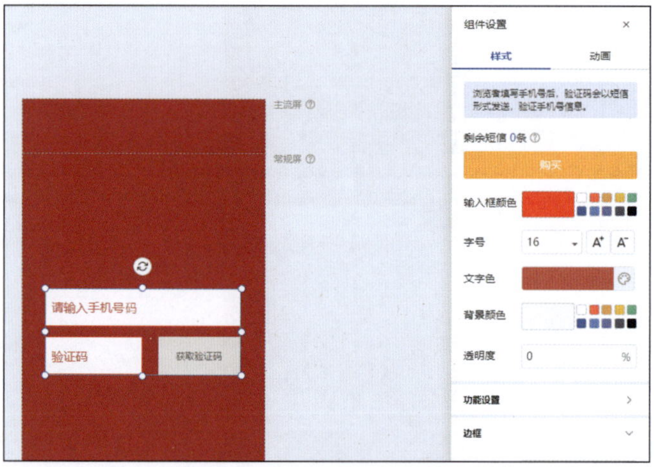

图 4-95

4.2.6 提交按钮

前文介绍的部分表单组件的设置，需要用到提交按钮。一个 H5 作品只能添加一个提交按钮，如图 4-96 所示。在设置好输入框、单选、多选、手机号验证等组件的内容后，必须设置提交按钮，以便用户填写好相应信息后，点击提交按钮提交信息。在 H5 作品的后台可以收集到用户所填写的信息，这些信息都是可以导出的，如图 4-97 所示。

提交按钮组件设置中可设置短信通知或修改活动签到，并根据需要设置相应的参数，如图 4-98 所示。

可对提交按钮名称、主题色等进行调整；还可开启“提交前必读”，以此来提醒用户填写真实有效的信息；根据用户需要可为提交按钮设置一个跳转链接；也可设置提交成功的提示类型和提示文本等，如图 4-99 所示。

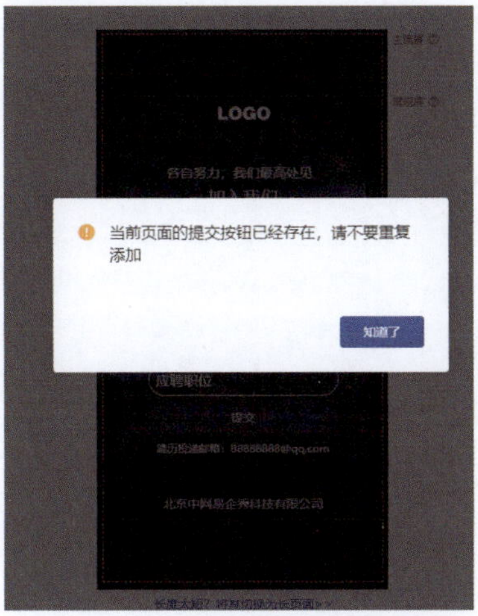

图 4-96

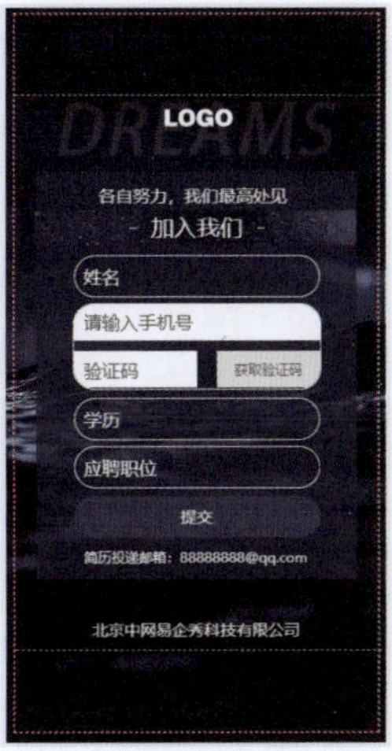

图 4-97

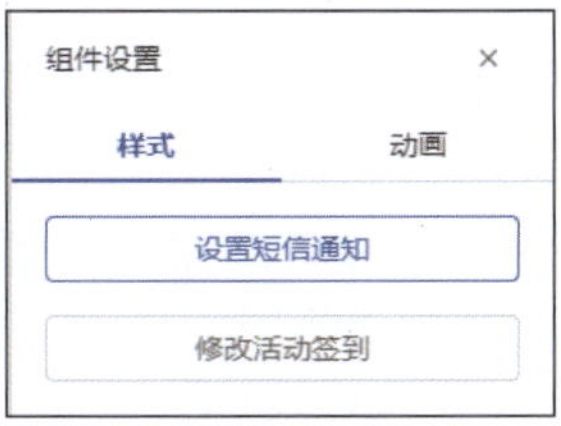

图 4-98

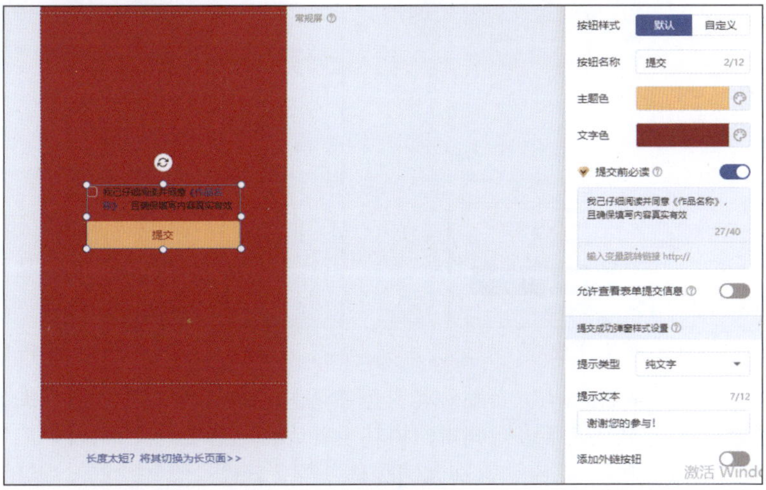

图 4-99

4.3 认识互动组件

本节介绍常用的互动组件。

4.3.1 微信头像、微信语音

1. 微信头像

打开微信头像组件，默认显示的是微信头像和微信昵称，如图 4-100 所示。在使用过程中，可以只使用微信头像或者微信昵称。微信头像样式多种多样，可根据作品需求进行选择，如图 4-101 所示。

微信头像包括浏览者头像和分享者头像两种类型，如图 4-102 所示。选择使用浏览者头像，当用户打开此作品时，就会显示用户的微信头像；选择使用分享者头像，就会显示发送此作品的人的微信头像。这里还可对微信头像进行边框样式、边框弧度等的设置，从而达到美化微信头像的效果，如图 4-103 所示。

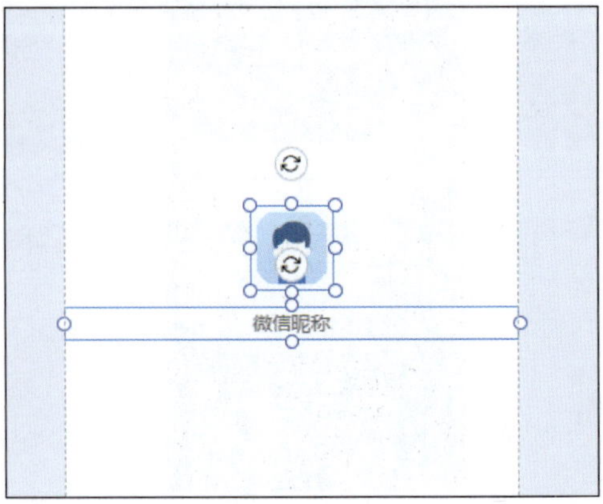

图 4-100

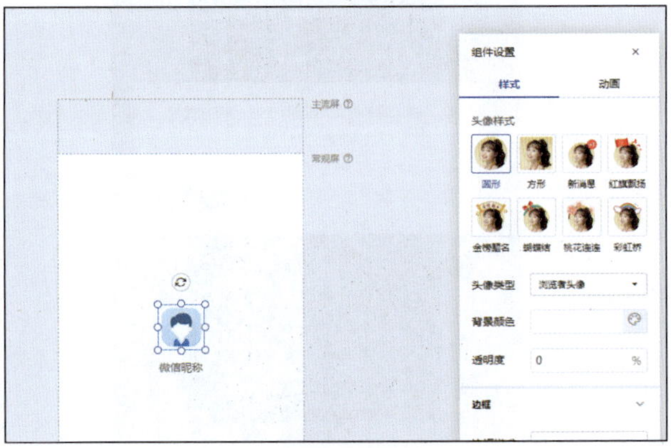

图 4-101

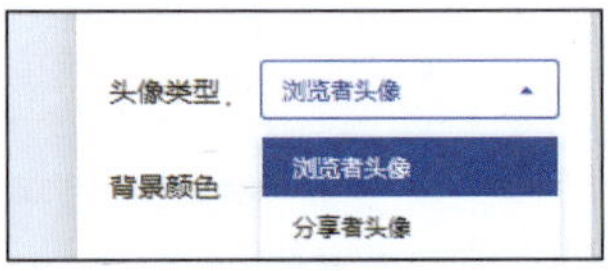

图 4-102

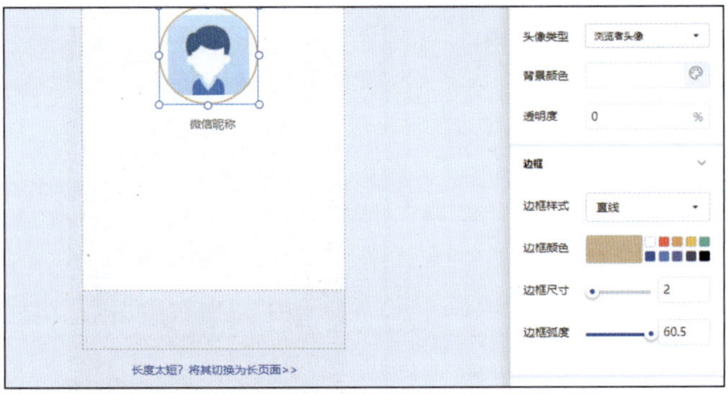

图 4-103

微信昵称包括浏览者昵称和分享者昵称两种类型，其区别与头像类型的区别是一样的。可对微信昵称的默认文字进行编辑，将其设置成自己想要的文字，比如“此处是你的微信昵称”“这里是你的微信昵称”“自动识别微信昵称”等，如图 4-104 所示。微信昵称文本显示的字体、颜色、字号等都可以自行设置，如图 4-105 所示。

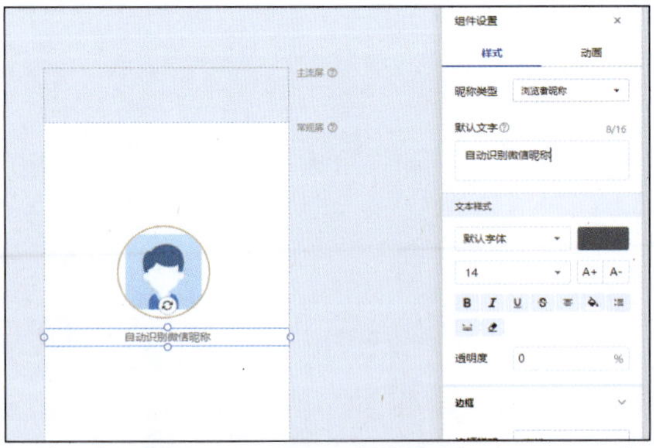

图 4-104

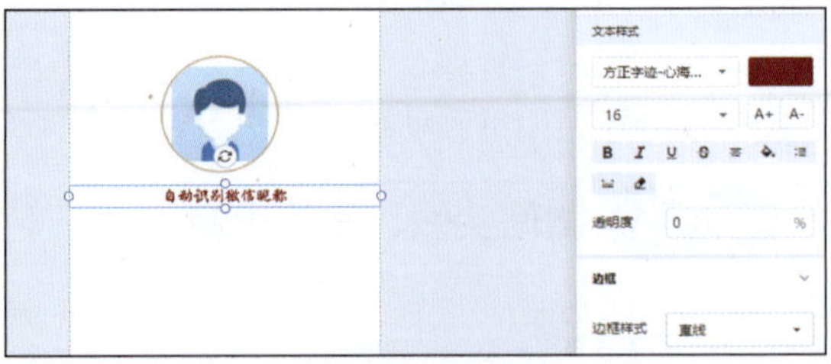

图 4-105

2. 微信语音

如果在作品里添加了语音组件，浏览者可用微信打开作品，在含有语音组件的页面中直接按住对应按钮说话，说完之后就可以将作品分享给别人，别人就能听到浏览者的录音，而且也可以按住该按钮说话，如图 4-106 所示。可以设置“按住说话”按钮和听语音按钮的边框样式、背景颜色等，让它们与其他元素融合得更自然，如图 4-107 所示。

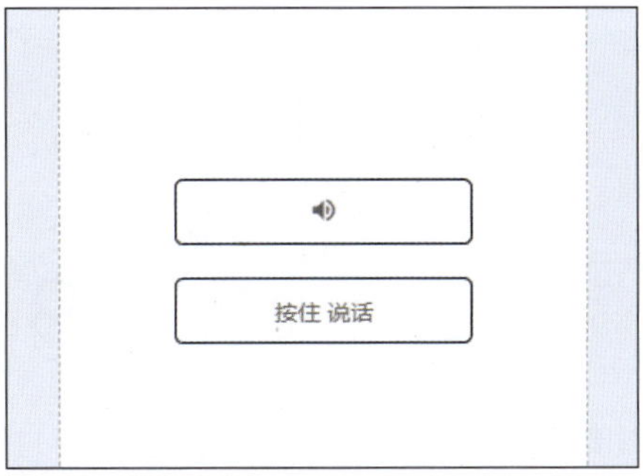

图 4-106

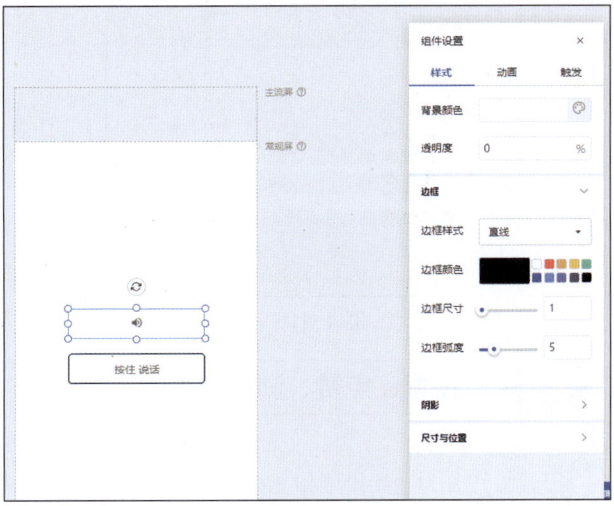

图 4-107

4.3.2 上传照片、头像墙

1. 上传照片

通过上传照片组件，浏览者可直接点击提示图片，上传自己的照片，如图 4-108 所示。可根据自身作品的风格及颜色，设置上传图片的提示图片，如图 4-109 所示。

图 4-108

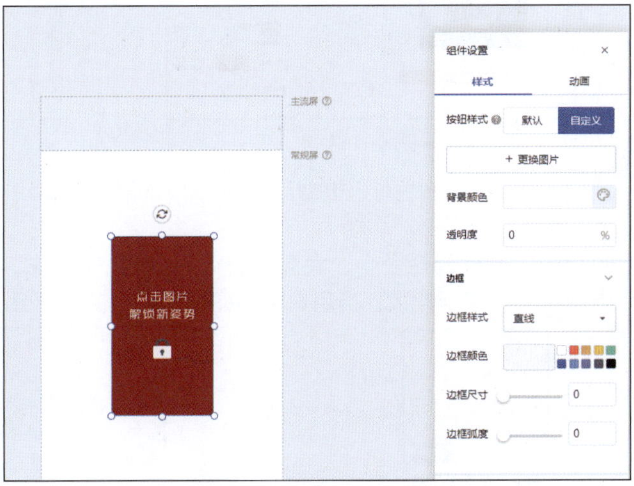

图 4-109

2. 头像墙

头像墙组件用于显示作品的所有浏览者的微信头像，如图 4-110 所示。

头像墙样式包括默认、心形、圆形、五角星、菱形、六边形，头像行数可根据画面的空白区域的大小进行选择，如图 4-111 所示。可对头像对应的微信昵称显示与否进行设置，如图 4-112 所示。

图 4-110

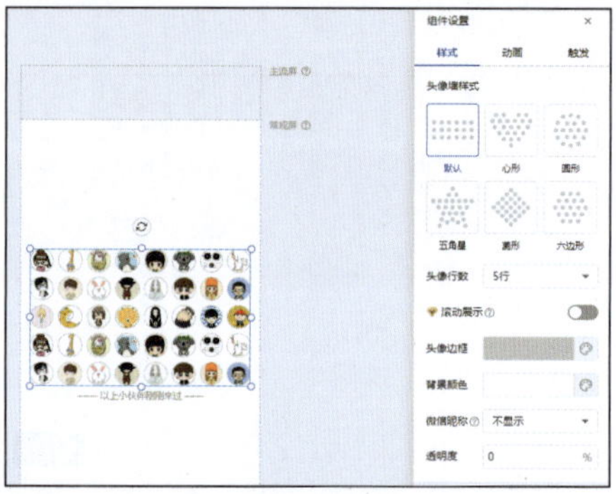

图 4-111

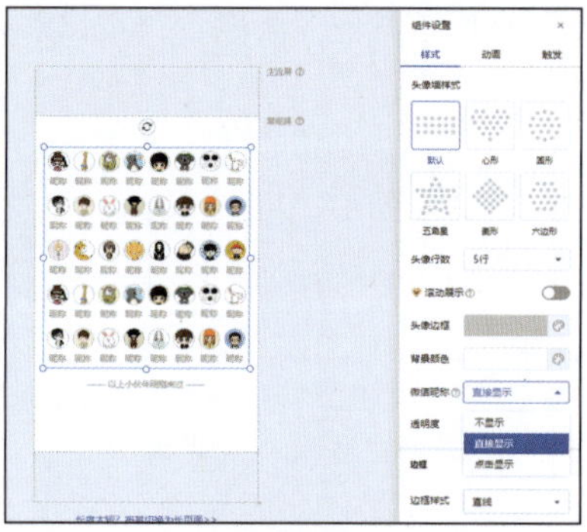

图 4-112

4.3.3 投票、点赞、浏览次数

1. 投票

投票组件分为图片投票和文字投票两种类型。图片投票以图片的方式显示投票内容，如图 4-113 所示。文字投票以文字的方式显示投票内容，如图 4-114 所示。

图 4-113

图 4-114

投票标题和按钮颜色可以根据自身喜好和作品整体风格进行相应的调整与修改，如图 4-115 所示。

2. 点赞

点赞按钮图标包括爱心、大拇指、花朵等；按钮样式可自定义，图标颜色和背景颜色都可修改。点赞组件可用于计数，当用户点击图标时，会直接显示点赞的数量，如图 4-116 所示。

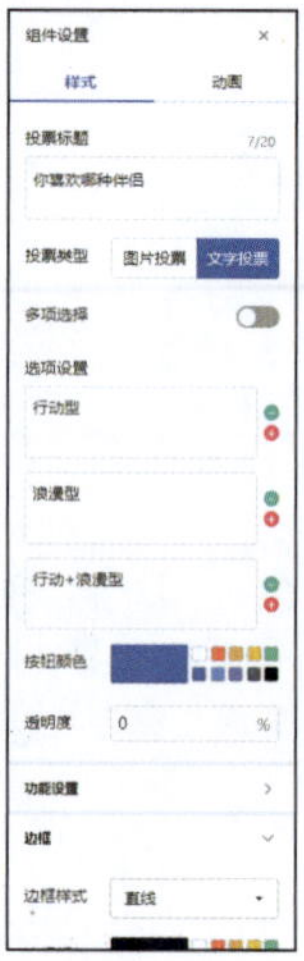

图 4-115

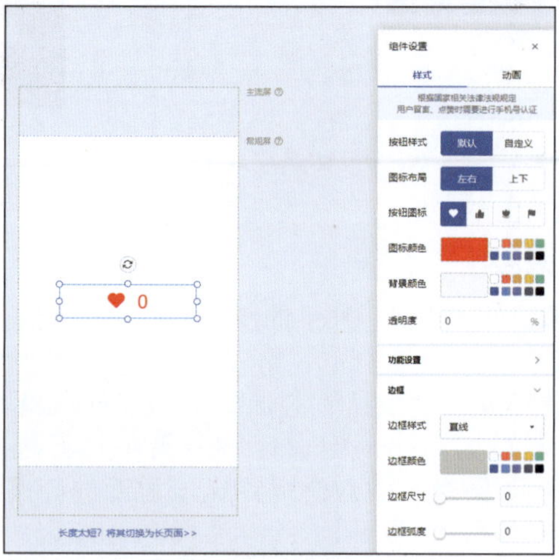

图 4-116

3. 浏览次数

如果使用了浏览次数组件，用户打开作品就可看到此作品被多少用户浏览过。浏览次数的数字格式可设置为简洁或完整，如图 4-117 所示。

按钮样式可自定义，如图 4-118 所示。

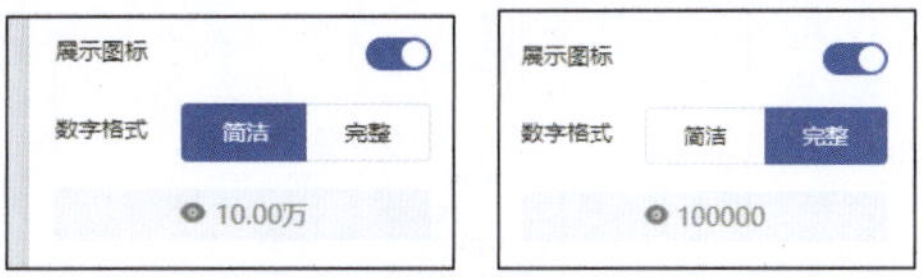

图 4-117

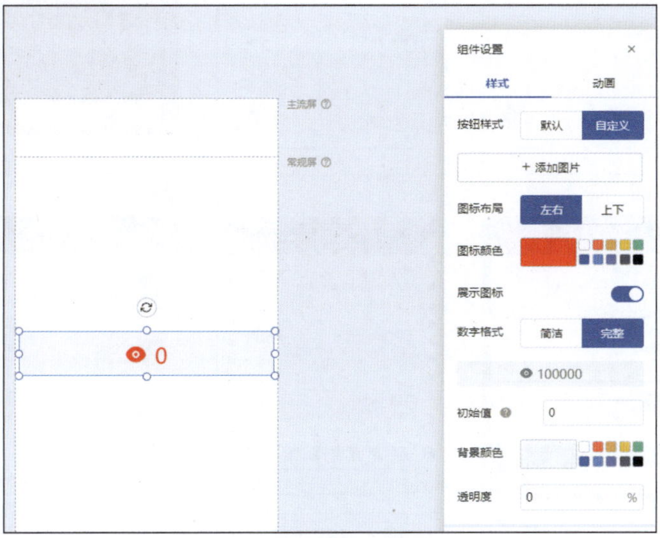

图 4-118

4.3.4 留言板、弹幕

1. 留言板

留言板组件应用广泛，可用于多类作品，如邀请函、活动宣传、活动促销、招生、祝福贺卡等。用户打开含有留言板组件的页面，可以在输入框中输入想说的话并进行发布，发布的留言可以被其他浏览该作品的用户看到。留言板如图 4-119 所示。

图 4-119

如图 4-120 所示，留言板风格多样，可根据需要进行选择。标题名称可自定义，还可使用系统推荐的留言板标题，如图 4-121 所示。

2. 弹幕

弹幕是留言板的一种格式，采用弹幕的留言板，用户的留言会动态展示在页面上，类似于电视剧的弹幕，如图 4-122 所示。

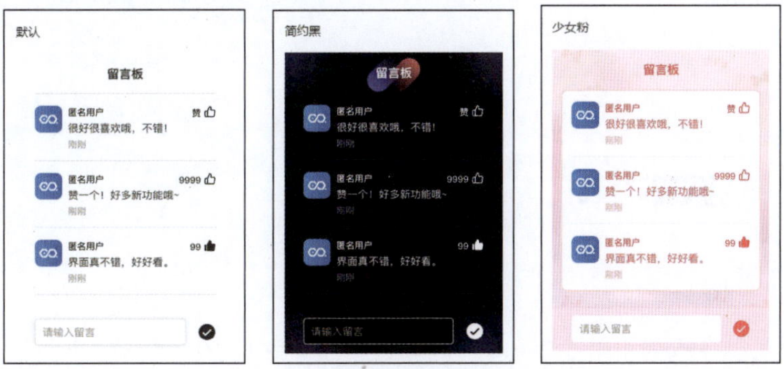

图 4-120

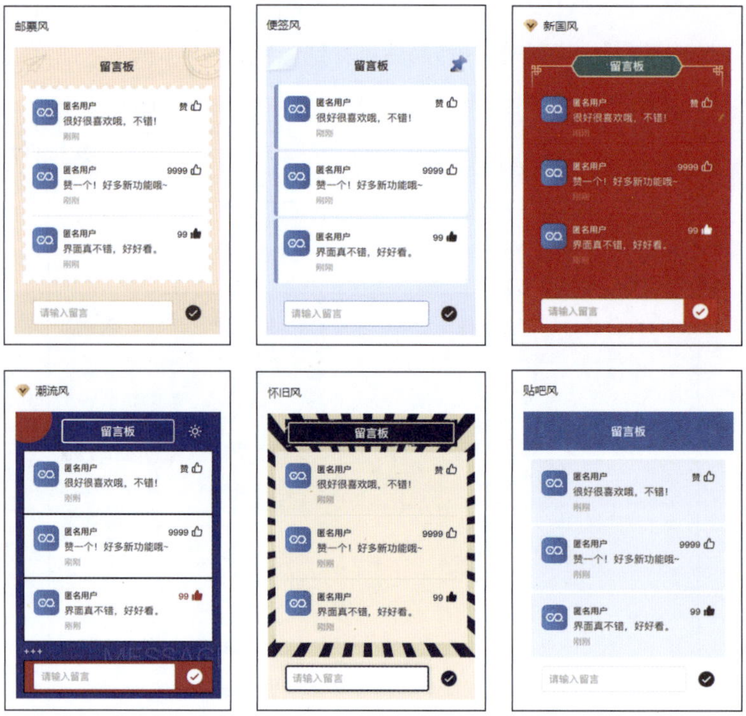

图 4-120（续）

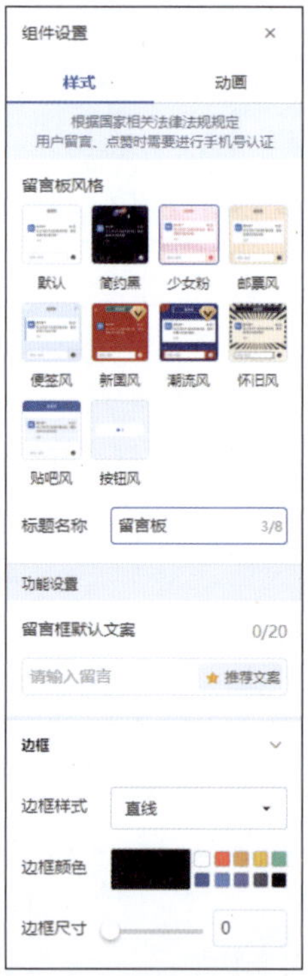

图 4-121

图 4-122

弹幕风格多样，弹幕位置可设置为全屏、3/4 屏、顶部、底部，具体根据需要进行选择，如图 4-123 所示。图标背景和图标颜色等也可根据风格和整体颜色进行调整，如图 4-124 所示。

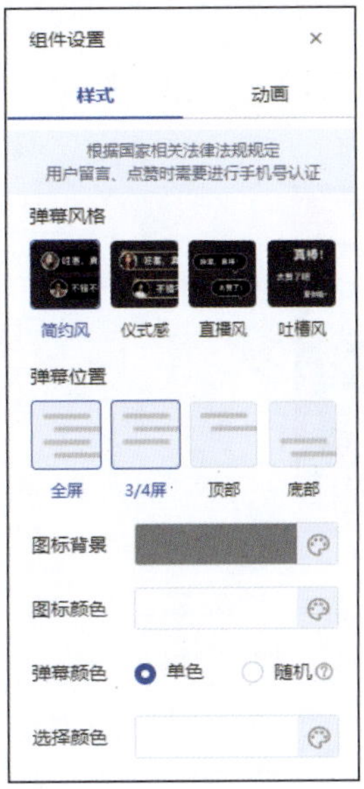

图 4-123

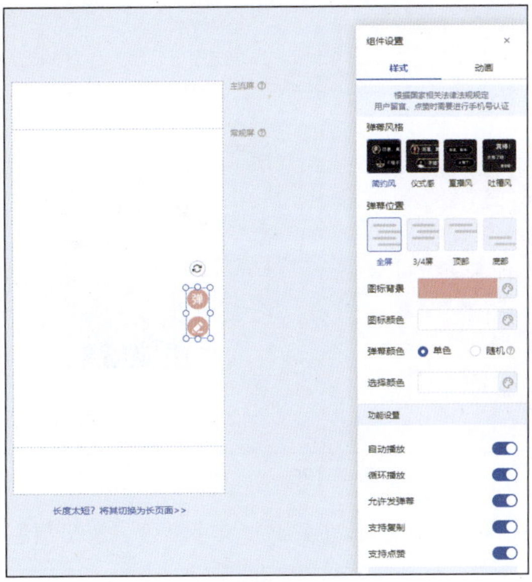

图 4-124

4.4 智能组件

本节介绍常用的智能组件。

4.4.1 自说字画、年龄改变

1. 自说字画

自说字画组件的功能是把音频 / 视频识别成文字并生成动画，使用自说字画组件可以制作出炫酷的 H5 场景。

自说字画组件的使用流程：选择组件→上传音频 / 视频→自动识别语音→生成动画→校验识别出的文本内容→设置动画风格、字体、背景颜色等。设置结果如图 4-125 所示。

图 4-125

点击“文字校验”区域中文字前的小方块可以改变该行文字的颜色，让动画更加绚丽，如图 4-126 所示。

动画风格、背景颜色、字体可以自定义，还可以添加背景图片，背景图片是置于背景颜色图层之上的。背景图片和背景颜色都可以设置透明度，如图 4-127 所示。

2. 年龄改变

年龄改变组件可以提供很有趣的互动体验。通过年龄改变组件，用户可以直接上传图片，点击年龄改变按钮，即可改变照片中人脸显示的年龄，年龄可设置为固定值，也可自定义，如图 4-128 所示。

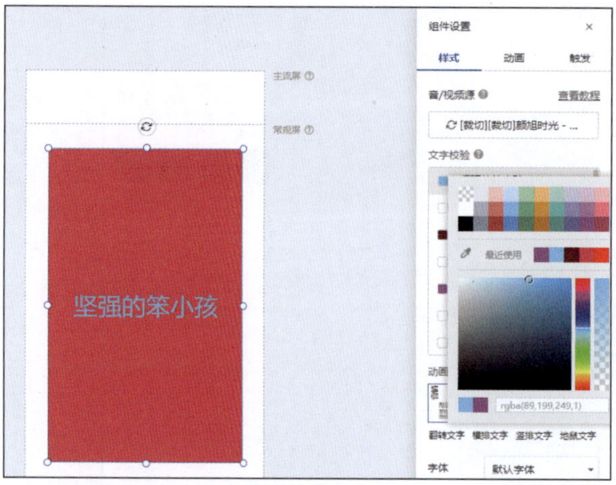

图 4-126

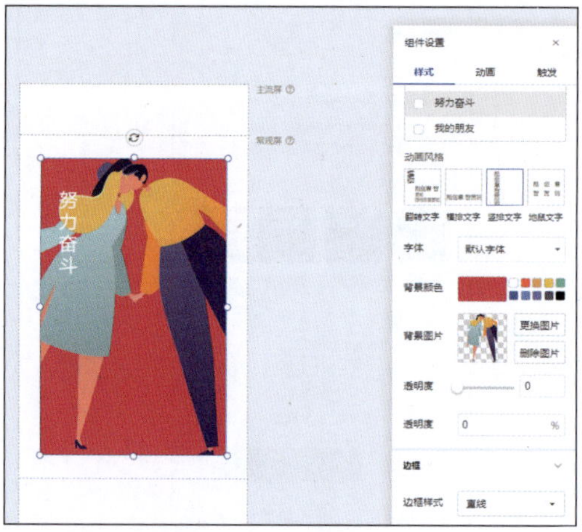

图 4-127

风格、年龄选择、按钮名称、文字颜色、按钮颜色等都是可修改的，如图 4-129 所示。

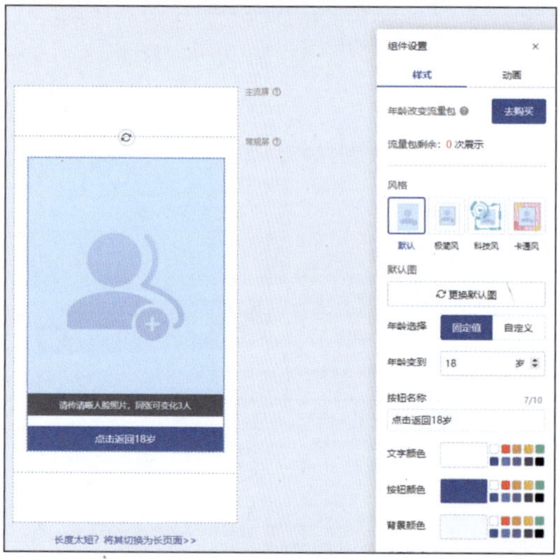

图 4-128

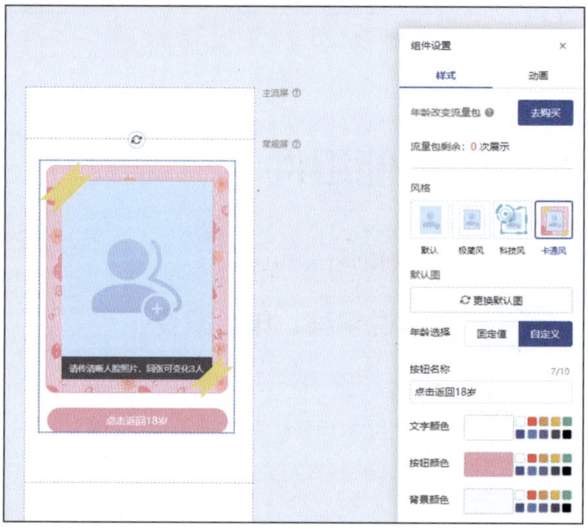

图 4-129

分享样式有两种，可根据需要进行选择，如图 4-130 所示。

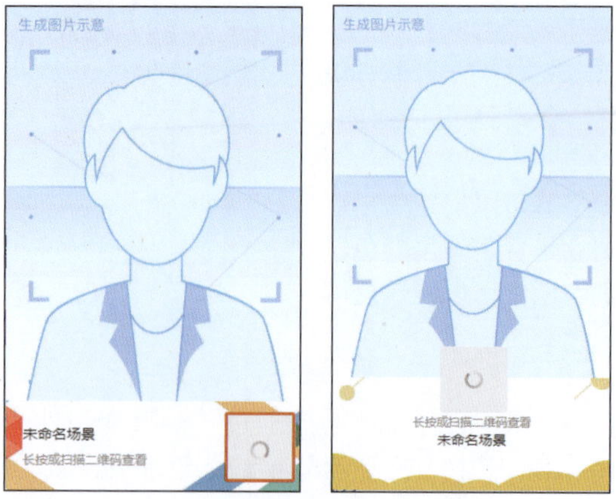

图 4-130

4.4.2 人脸识别、人脸融合

1. 人脸识别

人脸识别组件的设置和年龄改变组件的设置类似，用户可以直接上传图片进行人脸识别，如图 4-131 所示。

风格、按钮名称、文字颜色、按钮颜色、背景颜色等都可修改，在“识别内容”处可勾选“年龄”“颜值”复选框，如图 4-132 所示。

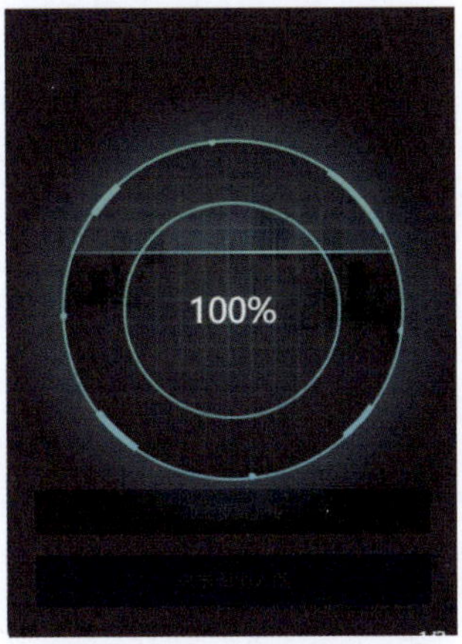

图 4-131

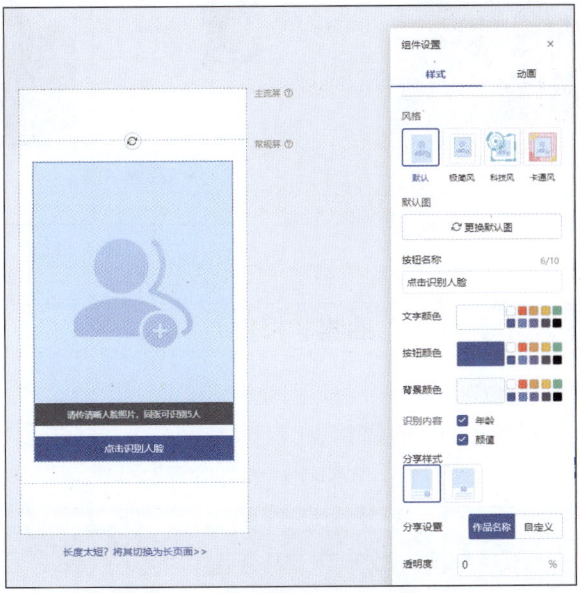

图 4-132

2. 人脸融合

人脸融合组件的功能是允许用户在现有的人脸融合模板上，上传自己的正面清晰人脸照，让自己的脸和背景相融合，如图 4-133 所示。现有模板多种多样，可以应用在不同的作品里，用户需根据自身需求进行选择，如图 4-134 所示。

图 4-133

图 4-134

可裁切背景、更换背景、调整人像位置，可自定义作品名称，如图 4-135 所示。

图 4-135

4.4.3 红包、抽奖、打赏

1. 红包

在智能组件的红包组件中，作品红包分为常规红包、表单提交红包、浏览作品红包，如图 4-136 所示。在微信中打开红包组件，可直接领取红包。

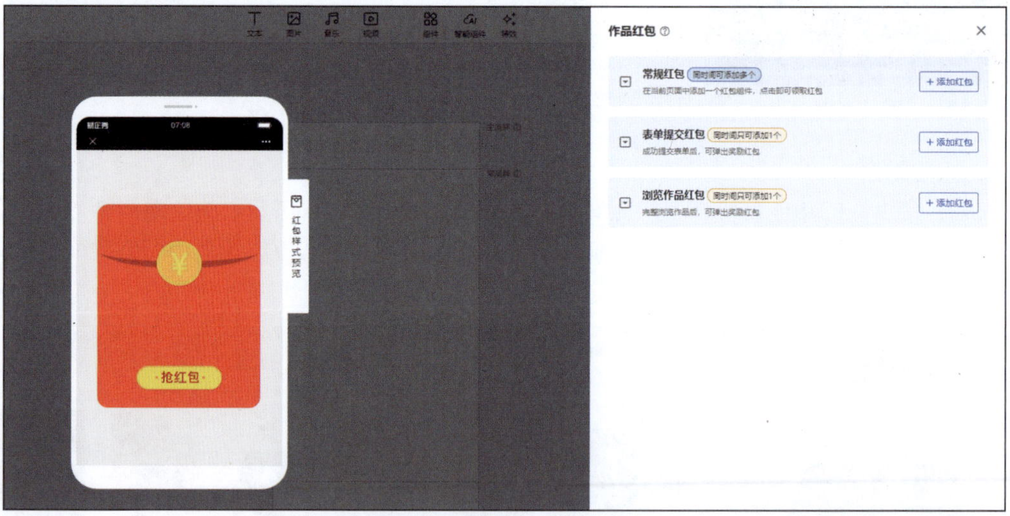

图 4-136

单击“常规红包”按钮，打开“常规红包设置”对话框，在其中可根据各类节假日选择对应的红包样式，也可自定义红包样式；红包祝词可自行编辑，如图 4-137 所示。

设置好红包样式后，单击“红包领取设置”按钮，可对该红包活动名称、活动时间、红包金额、红包个数、抽中红包概率等进行设置，如图 4-138 所示。设置好以后，单击“保存”按钮。

要设置表单提交红包，需要先添加一个“提交”按钮，如图 4-139 所示。

然后在“作品红包”中单击“表单提交红包”按钮，打开“表单红包设置”对话框，在其中可以选择红包动画，也可以选择普通静态样式的红包，如图 4-140 所示。

图 4-137

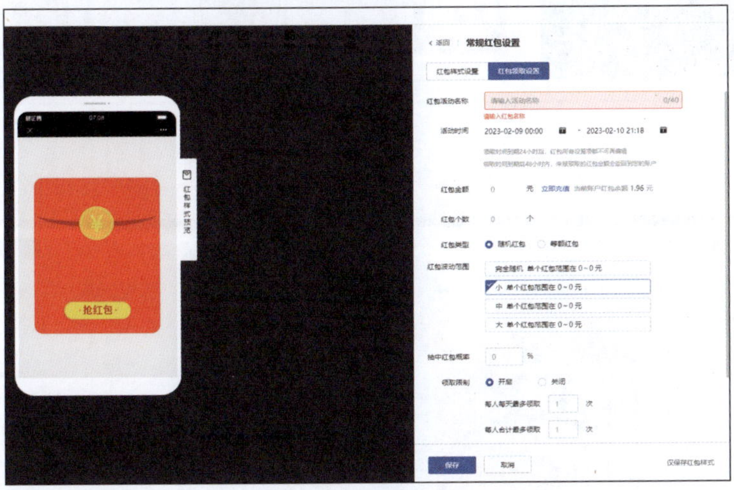

图 4-138

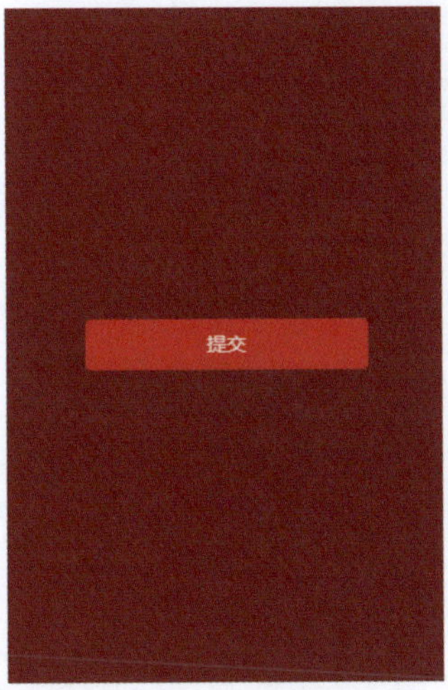

图 4-139

图 4-140

最后进行红包领取设置，这里的设置和常规红包的设置一样。

浏览作品红包是用户打开此作品即可领取的线上红包，其设置和表单提交红包的设置一样。读者可根据需求选择对应的红包。

2. 抽奖

抽奖组件的设置步骤是在“智能组件”中选择“抽奖”，然后选择合适的抽奖模板，单击“确定”按钮，如图 4-141 所示。

图 4-141

进入“编辑抽奖”界面，如图 4-142 所示。

图 4-142

根据实际情况对基础内容、奖品内容、中奖规则、编辑组件样式等依次进行设置，设置完成后，单击“生成”按钮，会打开“活动生成确认”对话框，如图 4-143 所示。

仔细查看该对话框中的内容，确认内容准确无误之后，单击“确认发布”按钮，就可以得到一个活动抽奖的前端页面，如图 4-144 所示。

3. 打赏

打赏组件可应用于婚礼邀请函、生日宴会邀请函、乔迁之喜邀请函、满月宴邀请函、商店开业宣传、活动预订等类 H5 中。用户可以在微信中打开页面、点击打赏，也可以直接充值或给作品打赏。

如图 4-145 所示，打赏样式多种多样，用户可根据自身需求进行选择。

打赏文案可自定义，根据制作作品的主题编辑相应的标题文字，如图 4-146 所示。

打赏类型分为现金打赏和礼物打赏。礼物打赏可自定义礼物图片，如图 4-147 所示。收到打赏后，钱款会自动存入企业账户，企业账户管理员可操作提现，这里会扣除 1% 的手续费。

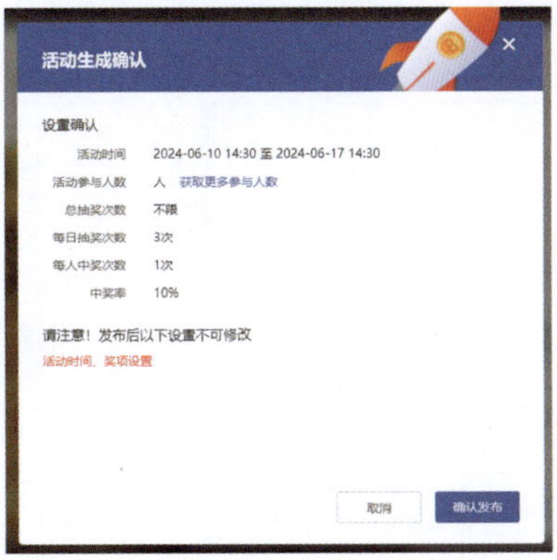

图 4-143

图 4-144

图 4-145

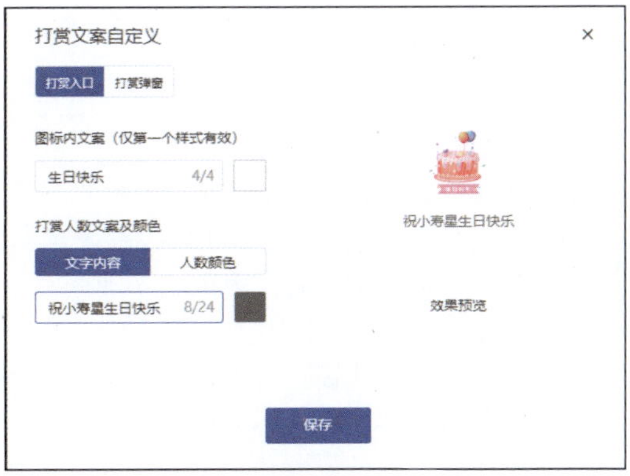

图 4-146

图 4-147

4.4.4 在线收款、实时对话

1. 在线收款

在线收款可用于在线售卖商品。

在“智能组件”中选择“在线收款”组件，会弹出一个提示框，如图4-148所示。单击“知道了”按钮，即可添加组件，如图4-149所示。

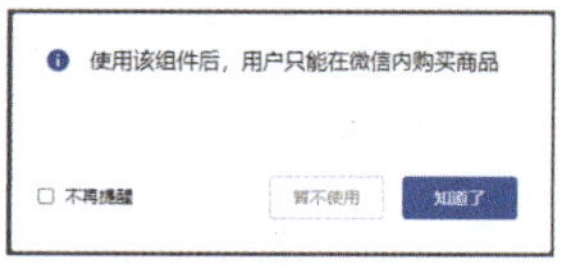

图4-148

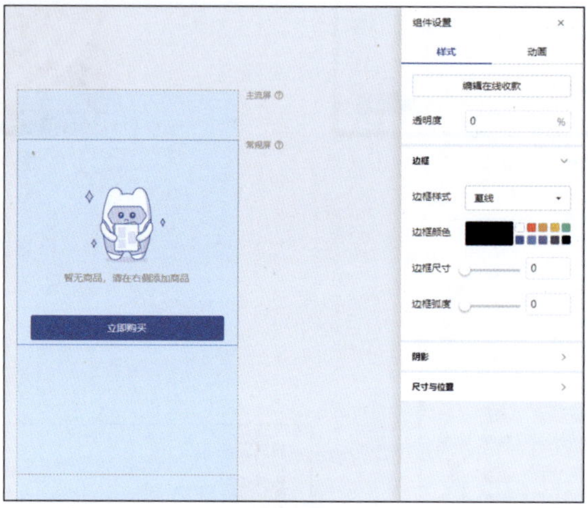

图4-149

在“组件设置”对话框中单击“编辑在线收款”按钮，又会弹出一个提示框，如图4-150所示。单击“知道了”按钮，即可进入“在线收款设置”界面。

在该界面中可以添加商品，单击“添加商品”，在弹出的列表中选择“新增商品”，如图4-151所示。

进入“新建商品”对话框，在该对话框中可对商品名称、商品主图、商品规格、商品价格、库存等进行设置，如图4-152所示。

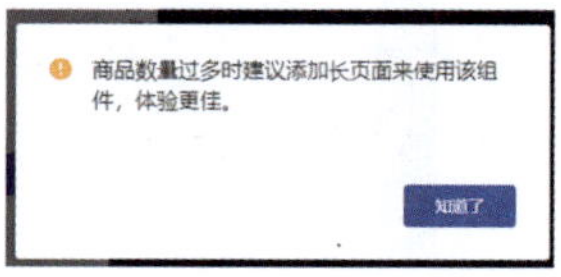

图4-150

图4-151

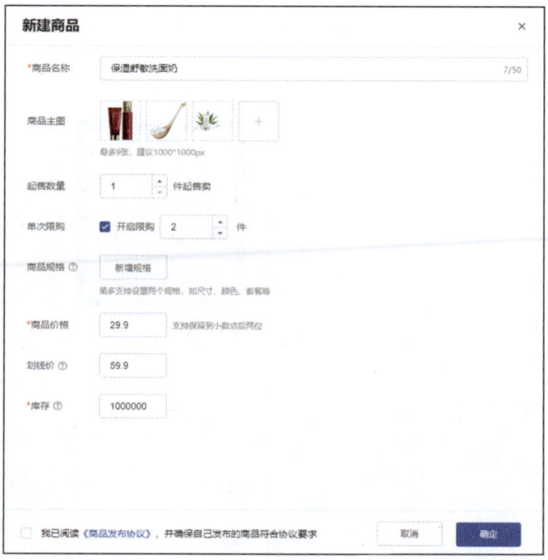

图4-152

勾选“我已阅读《商品发布协议》，并确保自己发布的商品符合协议要求”复选框，单击“确定”按钮，然后设置用户下单需要填写的信息（如购买人、手机号码、收货地址等），并将卖家信息编辑好，单击“保存”按钮，如图 4-153 所示。

最后呈现的 H5 页面如图 4-154 所示。在线收款功能添加产品方便、快捷，运用该组件制作活动宣传类 H5 方便实用，能达到极好的推广效果。

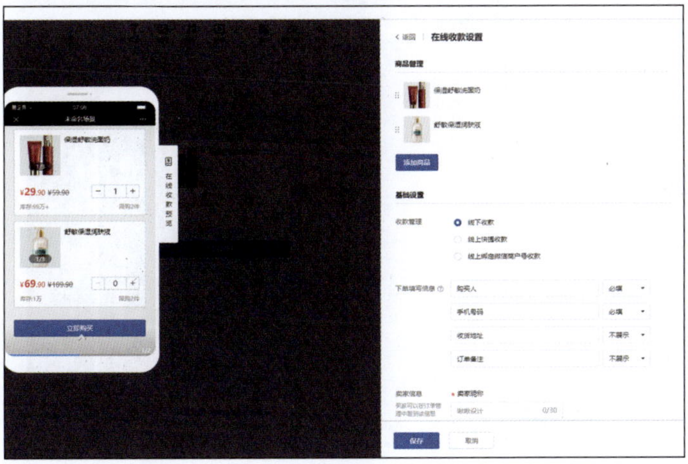

图 4-153

图 4-154

2. 实时对话

运用实时对话组件后，用户单击“客服”按钮，可直接与客服在线对话，实时沟通。该组件需要企业微信授权后，才可以使用。

按钮样式可自定义，也可使用系统默认样式，可以选择让每页相同位置出现客服按钮，也可以只让它出现在某一页，如图 4-155 所示。实时对话界面如图 4-156 所示。

图 4-155

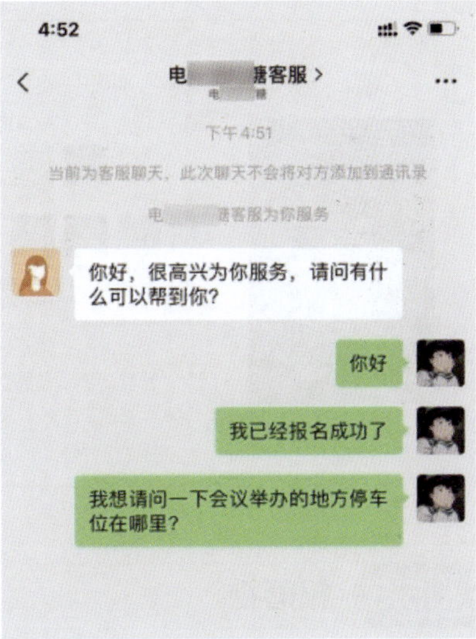

图 4-156

4.5 特效

本节介绍易企秀中的各种特效。

4.5.1 涂抹

选择特效中的涂抹特效，可以根据自己的作品上传所需要的图片，也可以直接使用易企秀官方提供的涂抹背景图片，调整透明度和涂抹比例，再编辑提示文字，如图4-157所示。如果想要让涂抹效果更贴合自己的作品，建议上传自己所需要的图片。最终效果如图4-158所示。

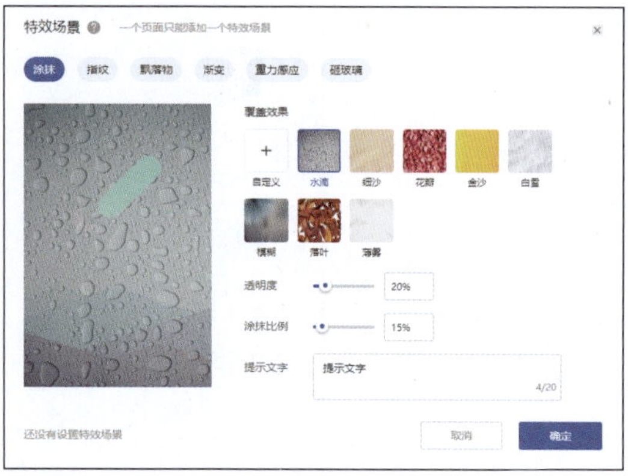

图4-157

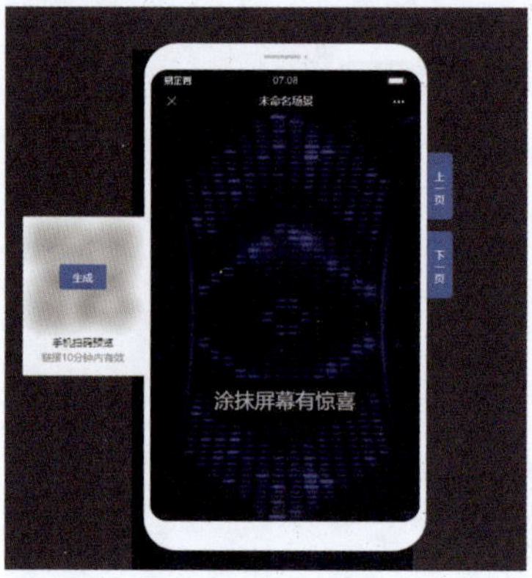

图4-158

4.5.2 指纹

选择特效中的指纹特效，其设置和涂抹特效的设置一样，可自定义背景图片，也可使用易企秀官方提供的背景图片。指纹图片可自定义，易企秀官方提供的指纹图片效果并不多，建议大家上传一些适用的指纹图片，如图4-159所示。最终效果如图4-160所示。

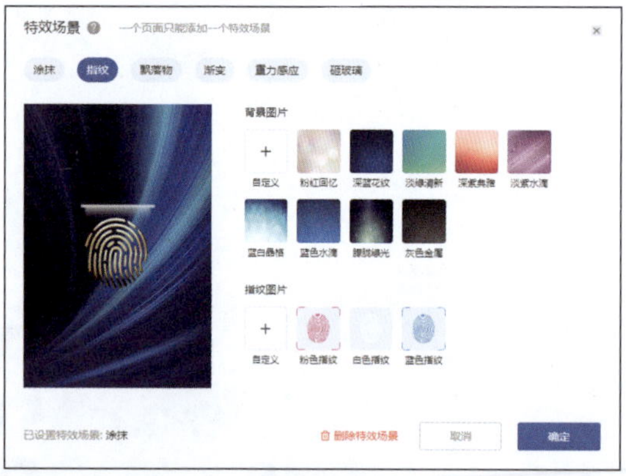

图4-159

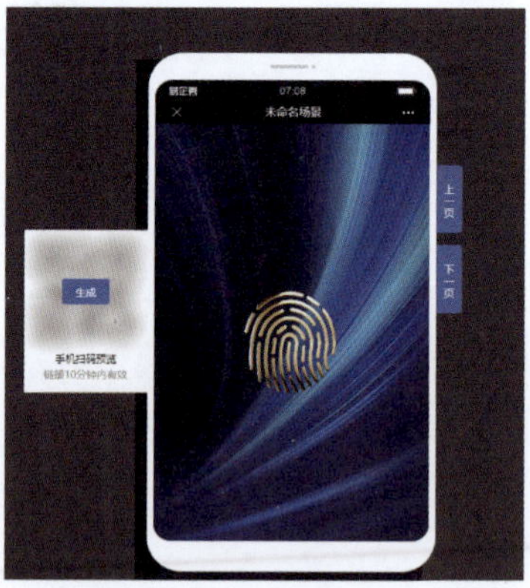

图4-160

4.5.3 飘落物

飘落物特效就是让元素从手机屏幕上方飘落下来，我们可以根据作品主题来选择飘落物。易企秀官方提供了很多飘落物图片，当然也可以自行上传飘落物图片，飘落氛围的强度可根据需要设置，如图4-161所示。飘雪特效是较为常用的特效，其效果如图4-162所示。

使用飘落物特效，可以提升页面的氛围感，让人仿佛身临其境。飘落物应根据实际情况选择，比如，活动宣传类H5可使用“礼物”飘落物，春节类H5可使用“福字”飘落物，圣诞节类H5可使用“圣诞节”飘落物，秋季类H5可使用“枫叶”飘落物。

图 4-161

图 4-162

4.5.4 渐变

渐变特效是一个入场特效。使用渐变特效后，页面将根据所设置的颜色缓慢地展现。

可以根据作品整体色调选择渐变颜色，持续时间可调整，渐变方向分为从左到右、从右到左、从上到下、从下到上，可以根据习惯和爱好选择渐变方向，开启形式可设置为自动开启或按下开启，如图 4-163 所示。如果将开启形式设置为按下开启，可以设置对应的提示文字，如图 4-164 所示。

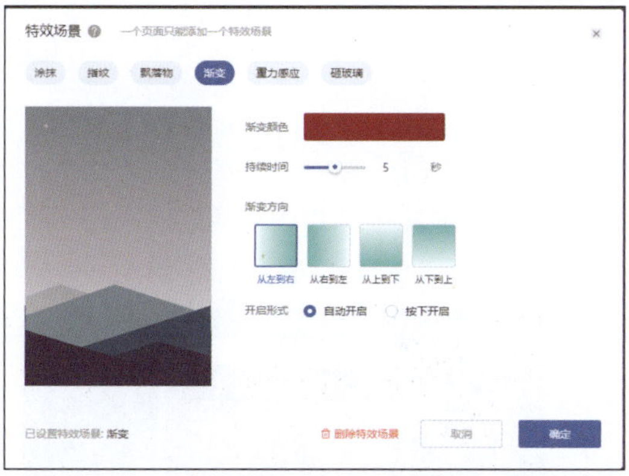

图 4-163

图 4-164

设置好以后，单击“确定”按钮，渐变特效就被添加上了，最终效果如图 4-165 所示。

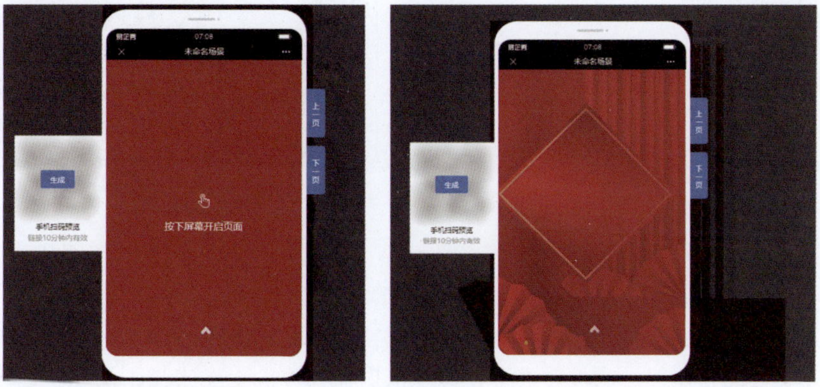

图 4-165

4.5.5 重力感应

重力感应效果需要在手机上查看。重力感应图片会在用户摇动手机时跟着手机摇动的方向摇动。重力感应图片可自定义，也可选择易企秀官方提供的图片，如图 4-166 所示。

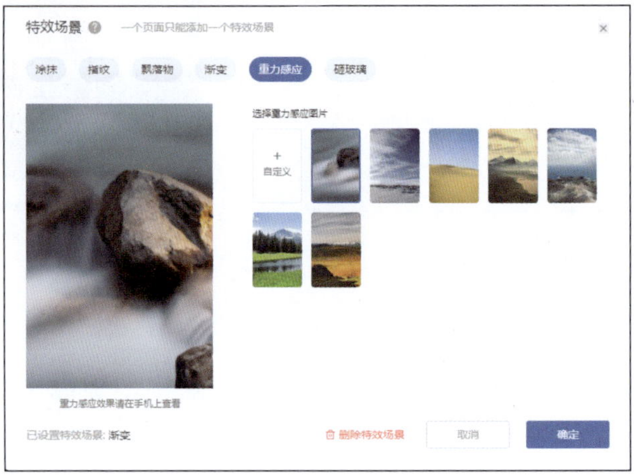

图 4-166

4.5.6 砸玻璃

砸玻璃特效是一个入场特效。添加此组件后，用户打开相应页面，点击手机屏幕，屏幕上可出现砸玻璃样的特效，特效播放完毕后就可以进入制作的 H5 页面中。砸玻璃特效的背景颜色可以选择和自己作品的主题色类似的颜色，设置好砸击次数和提示文字，点击“确定”按钮即可，如图 4-167 所示。最终效果如图 4-168 所示。

图 4-167

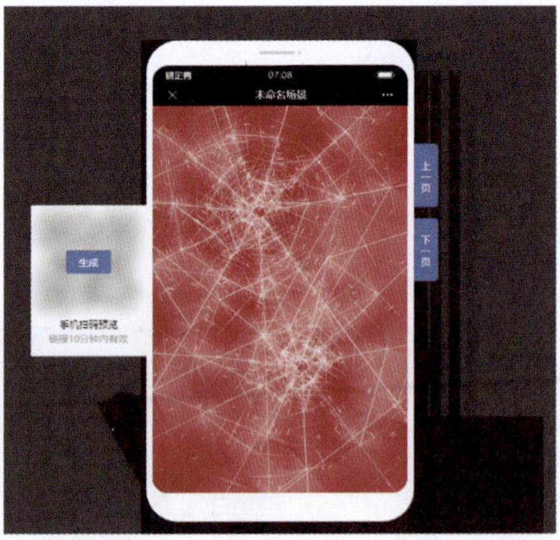

图 4-168

4.5.7 模拟对话

打开特效中的模拟对话组件，进入一个新的编辑页面。在该页面中可对模拟对话的聊天风格进行选择，并设置内容选择、成员管理等，可以根据需要添加更多成员，设置 3 个或 3 个以上成员就需要设置群聊名称，如图 4-169 所示。

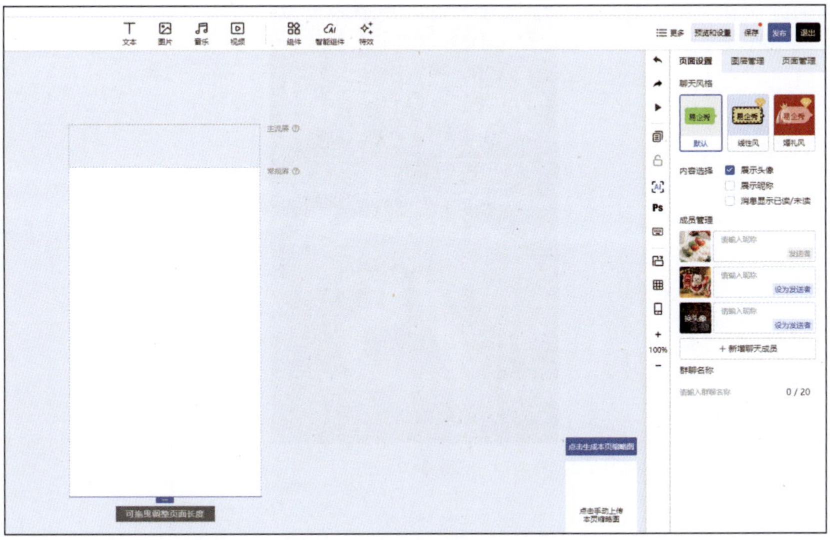

图 4-169

添加好以后，点击文本，输入想说的话，设置发送者或接收者，编辑对话内容，点击“保存”按钮，如图 4-170 所示。最终效果如图 4-171 所示。

图 4-170

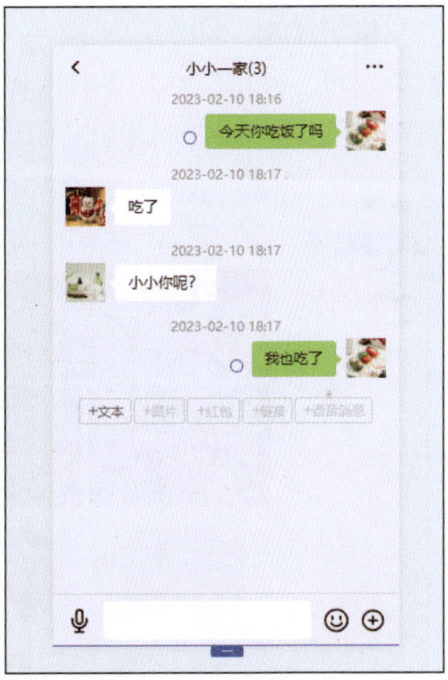

图 4-171

4.6 实战案例：制作复杂 H5

本案例是一个红金风格大气的庆祝祖国成立 75 周年的 H5，整体色调为红色；采用动效的鎏金主题文字，更显大气、有质感；运用旗子飘动的背景，更能展现喜迎国庆的主题；使用了一镜到底、快闪、弹幕、头像墙、微信头像、手机号验证、表单等组件，还设置了一些互动功能，让用户参与其中，深刻体会生活在这个伟大国度的自豪感，心潮澎湃。最终效果如图 4-172 所示。

图 4-172

资源位置

素材位置	素材文件 >CH04>4.6 实战案例：制作复杂 H5
视频位置	视频文件 >CH04>4.6 实战案例：制作复杂 H5.mp4

微课视频

操作步骤

第一步 设置旗子飘动的动效背景。旗子飘动的动效背景可以在自己的素材库中寻找，也可以在易企秀图片库中选择。本案例采用的是易企秀图片库中的动效背景，搜索“红旗”就能找到本案例使用的 GIF 格式的图片，如图 4-173 所示。

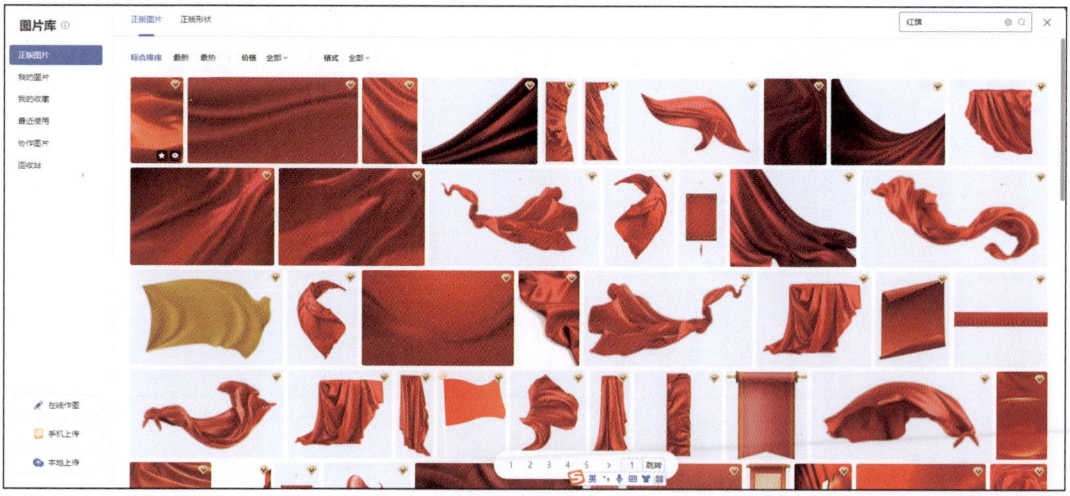

图 4-173

选择本案例使用的图片，添加好以后，单击“背景应用于所有页面”按钮，如图 4-174 所示。

第二步 上传相关素材。准备好需要制作的素材，并且上传相关的鎏金主题文字，上传好以后，为这些素材添加对应的动画，然后用易企秀自带的文本编辑一些简单文字、副标题等，如图 4-175 所示。

第三步 添加一镜到底页面。新建一个常规页面，可以将该常规页面放在第二页，也可以用鼠标拖曳右侧页面将该常规页面放在第一页。本案例将一镜到底页面放在了第一页。添加好页面以后，选择组件中的“一镜到底”，效果如图 4-176 所示。

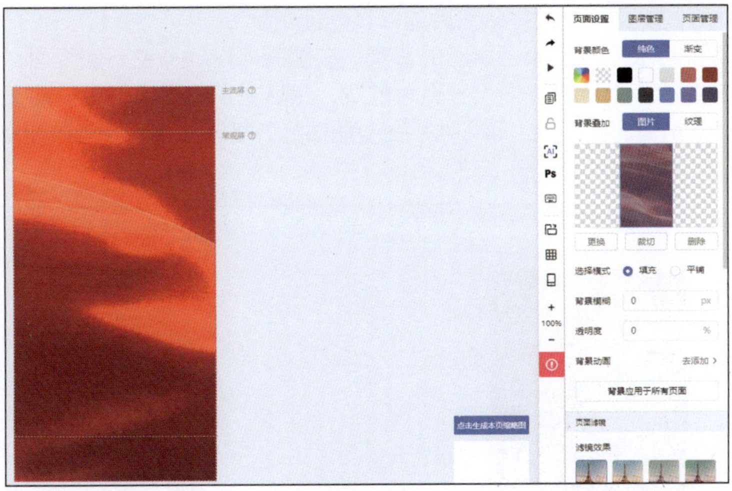

图 4–174

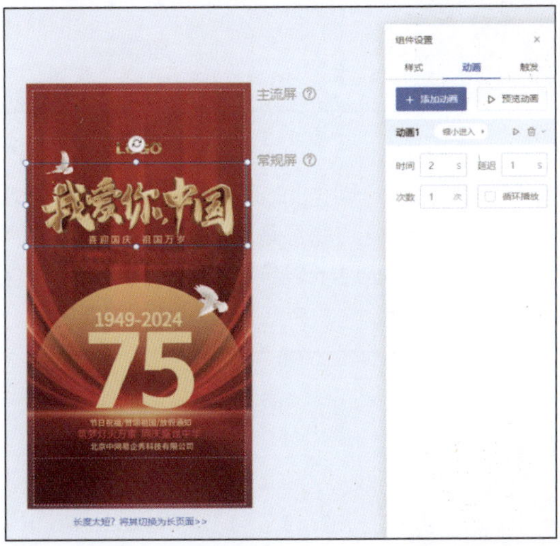

图 4–175

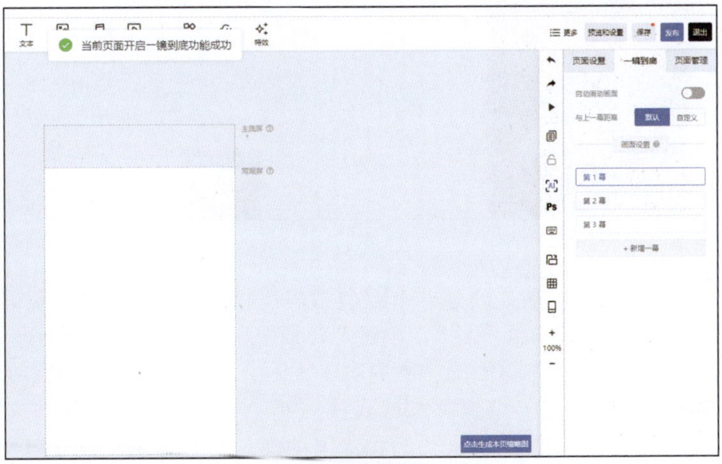

图 4–176

选择刚刚制作好的主体页面内容，然后选择“页面设置”，单击“背景应用于所有页面”按钮，这时候一镜到底页面也被设置了旗子飘动的背景。在画面外设计一镜到底页面，使屏幕两边各有一个红色半透明的色块，为色块边框设置金色的线，然后在色块上添加相应的文字内容，左右两侧各放一只和平鸽。单击右侧“第 1 幕”对应的复制图标，复制一页，并修改左右的文字内容，如图 4-177 所示。

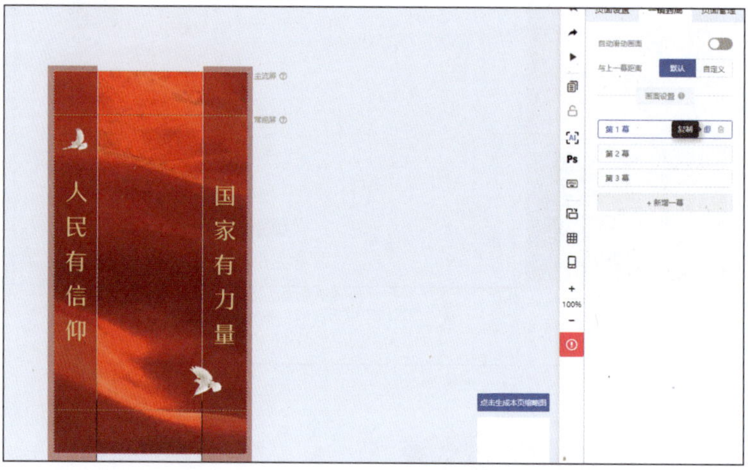

图 4-177

继续复制，然后修改文字内容，直到制作好 3 页内容，就可以把自带的两个空白页面删除。最好是在最后一个一镜到底页面设置一镜到底最底层的内容，这样才能实现“一镜到底”的最佳效果，然后开启“自动滑动画面”，播放速度一般选择“快”，其他设置保持默认即可，如图 4-178 所示。效果如图 4-179 所示。

图 4-178

第四步 制作快闪页面。首先新建一个空白常规页面，为该空白常规页面添加快闪组件的功能，然后选中上一页，选择“页面设置”，单击“背景应用于所有页面”按钮，快闪页面就被设置了旗子飘动的动效背景。将主体页面的主图内容（太阳、鎏金数字 75、和平鸽）复制、粘贴到快闪页面，然后删除它们的动画。选择文本或直接复制上一页的文本，修改文字及字体，编辑自己需要的文字。接下来设置文本的进入动画和退出动画，动画时间一定要相互关联。为了防止上一页的动画没播放完就跳转到下一页，可以在空白页面随意设置一个元素并为它设置具有一定延迟时间的动画，当然这是笔者个人的制作习惯，大家也可以不设置这个元素，效果如图 4-180 所示。

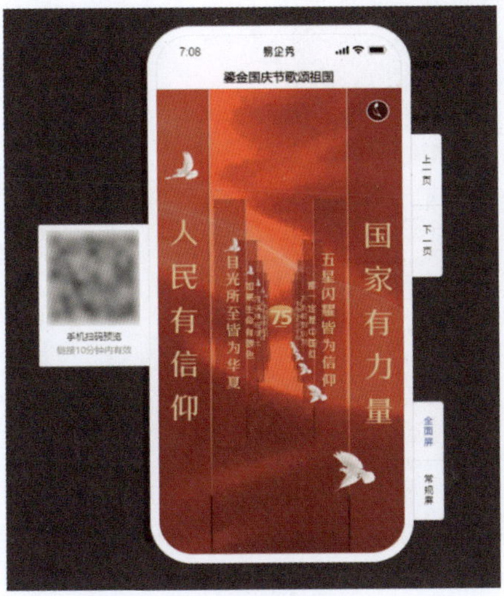

图 4-179

图 4-180

把快闪页面的第一页设置好以后，复制一页，然后直接修改第二页的文本即可。接着复制一个主体页面，将其拖曳到第四页。选中第三页的快闪页面，再选中快闪页面的最后一页，此时为空白页面的元素设置一个触发，触发设置为动画结束后触发，跳转页面到刚刚复制的第四页，如图 4-181 所示。

第五步　制作正文内容。这里沿用主体页面的元素，把不相关的素材删除，制作一个红色正文底框，把和平鸽移动到上下两角，用第一页的副标题矩形框，制作正文标题的底框，输入此页面的主题。这一页的主题是“为祖国点赞”。这里运用了弹幕组件和头像墙组件，头像墙的头像行数设置为 3；还制作了一个提示可以留言的输入框，并设置了两个动画，以提示用户点击小笔可以留言、写祝福等，效果如图 4-182 所示。后面的正文内容可以通过直接复制页面、修改标题和正文排版及内容实现。

图 4-181

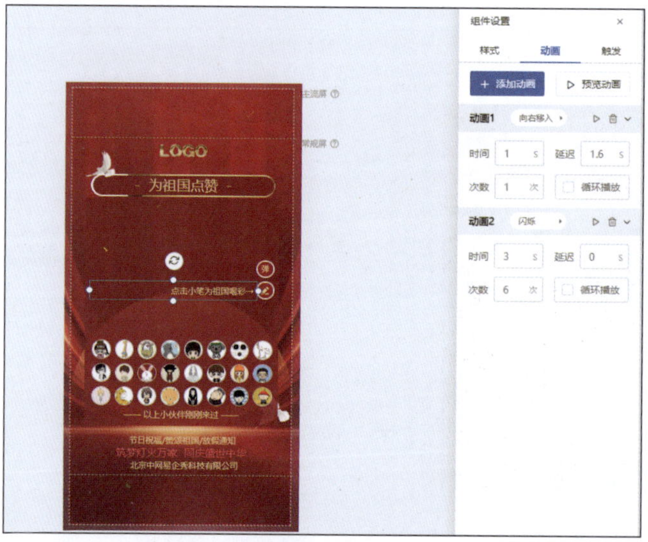

图 4-182

第六步 添加及设置表单。组件中的输入框包含姓名、电话、邮箱、日期、文本等类型，可以根据你要收集的信息选择，如果前几种中没有需要使用的类型，就直接选择文本。通过文本可以自行设置你想要收集的信息。然后设置表单边框弧度，修改文字颜色和边框颜色。这里收集手机号使用的是手机号验证的表单。选择组件中的手机号验证组件，设置好输入框颜色、边框弧度等即可。效果如图 4-183 所示。

第七步 添加及设置地图。使用组件中的地图功能可以设置公司的地址。直接粘贴你的地址，自动生成地址。用户打开此页面，可以直接导航到该地址，方便快捷。编辑文本，包括公司地址、联系电话、企业邮箱等。

第八步 添加音乐、设置分享的标题和描述。首先选择你觉得合适的音乐，可以选择易企秀官方提供的音乐，也可以上传自己的音乐。然后根据需要设置标题和描述，如图 4-184 所示。设置好以后，直接保存并发布即可。

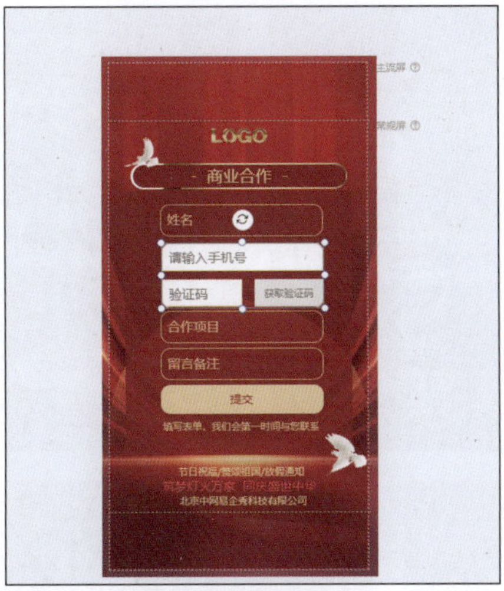

图 4-183

图 4-184

本案例效果如图 4-185 所示。

图 4-185

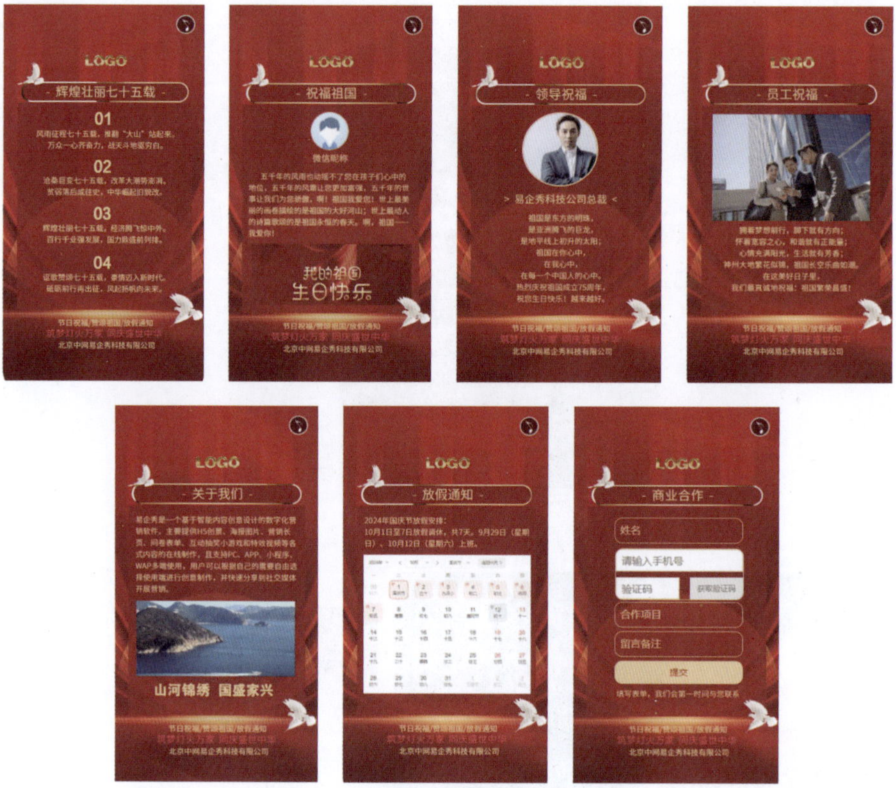

图4-185（续）

4.7 课后习题：制作小清新唯美紫色H5

本案例可应用于美妆行业、服装行业、美容行业、美容美体行业等主要与女性相关的行业，可用于企业宣传、产品推广、品牌宣传等，应用广泛，内容温馨浪漫。案例效果如图4-186所示。

图4-186

资源位置

素材位置	素材文件 >CH04>4.7 课后习题：制作小清新唯美紫色 H5
视频位置	视频文件 >CH04>4.7 课后习题：制作小清新唯美紫色 H5.mp4

微课视频

设计要点

在颜色上：整体色调为紫黄色系，使用紫色和黄色渐变色，搭配“相遇在初冬 温情邂逅”主题字，加上飘雪特效，让用户一打开该作品就有冬季飘雪的唯美感，温情的氛围十分浓厚。案例效果如图 4-187 所示。

在动画上：通过竖百叶窗的入场动画带出整个主题背景和主题图文内容，效果如图 4-188 所示。在主题色的上下对角处使用了两个雪花元素，并设置了两次旋转动画，效果如图 4-189 所示。

图 4-187

图 4-188

图 4-189

在音乐上：使用了一首比较流行的韩国歌曲，营造出浪漫、温情的氛围，让用户一打开作品就能听到这首歌曲，从而联想到韩剧中的浪漫情节。

在内容上：搭建全面，包括关于我们、发展历程、温情促销、人气产品、新品展示、店铺地址、在线预订等，几乎涵盖了所有此类宣传能制作的内容，图片排版类型多样，各类产品图片都可以轻松替换。

特殊组件：此模板没有过多的特殊组件，只包含一个飘雪特效、地图、表单，简单实用。

本案例效果如图 4-190 所示。

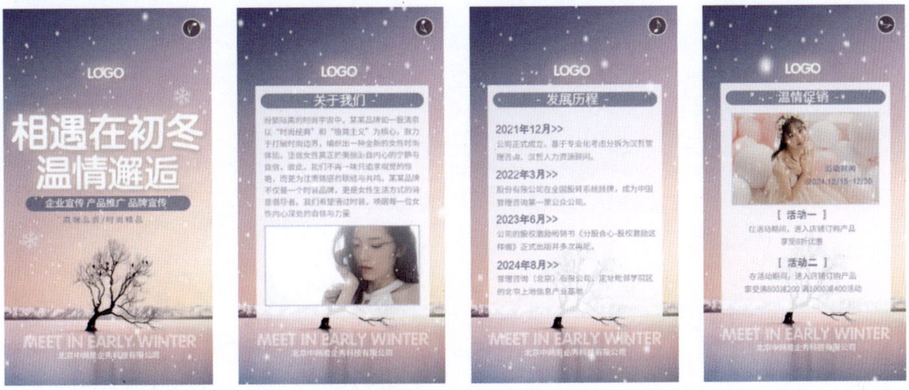

图 4-190

LOGO
人气产品
MEET IN EARLY WINTER
LOGO
新品展示
MEET IN EARLY WINTER
LOGO
人气产品
MEET IN EARLY WINTER
LOGO
人气必备
MEET IN EARLY WINTER
LOGO
店铺地址
盛达街
MEET IN EARLY WINTER
LOGO
在线预订
姓名
请输入手机号
验证码
预订类型
留言备注
提交
MEET IN EARLY WINTER

图 4-190（续）

第 5 章 爆款 H5 页面设计

本章介绍 H5 页面的不同风格，讲解页面色彩搭配的知识及图文设计的实用技巧等，带领读者通过了解不同风格的 H5 提高审美，学习色彩搭配技巧以提高画面表现力，学习图文设计技巧以提升画面设计感，帮助读者全方位提升设计水平。

【本章学习任务】

了解常见的 H5 页面风格。

学习 H5 页面色彩设计的相关知识。

掌握用高颜值图文提升画面质感的方法。

练习爆款高级质感 H5 的制作。

练习招聘宣传 H5 的制作。

5.1 风格百变：常见的 H5 页面风格

本节介绍 H5 页面的各种风格。

1. 简约商务风格

在 H5 里，简约商务风格的画面一般由各种各样的几何图形、线条、色块等拼接而成。简约商务风格 H5 如图 5-1 所示。

图 5-1

2. 卡通扁平化风格

卡通扁平化风格是一种以卡通、扁平为基调的设计风格，去除复杂的事物结构、阴影、纹理等，用简单线条或色块构成的卡通图像，营造出简单、可爱、扁平的感觉。卡通扁平化风格 H5 如图 5-2 所示。

图 5-2

3. 科技风格

在 H5 里，科技蓝色应用广泛。可以运用星光、发光宇宙、科技感线条、各类几何图渐变色块制作科技风格 H5。科技感在不同领域的表达方式不同，可用其他颜色（比如蓝绿色、传统蓝色等）来体现科技感。配色是塑造科技风格页面的一个重要因素。科技风格 H5 如图 5-3 所示。

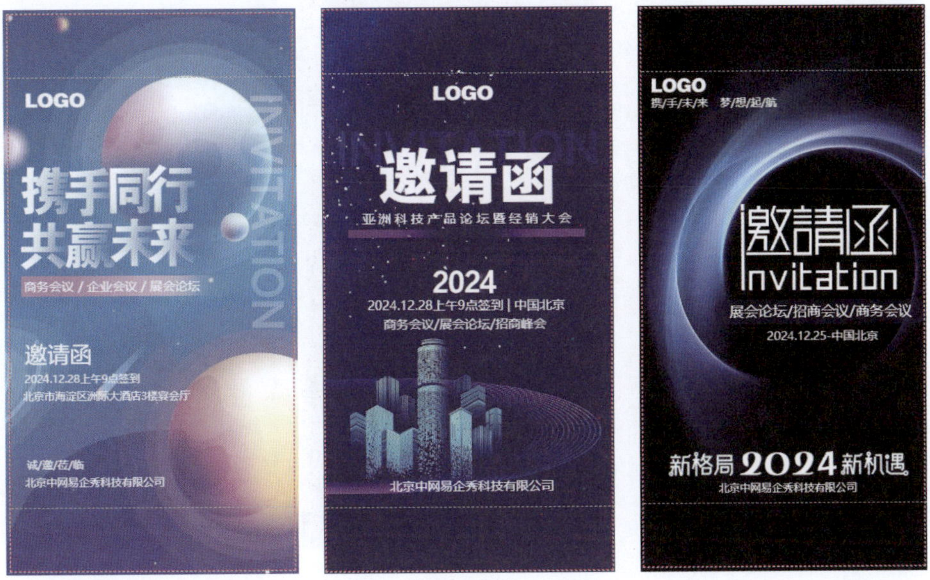

图 5-3

4. 炫酷鎏金风格

运用炫酷 GIF 作入场动画，用有质感、大气的颜色作为背景，用鎏金文字进行烘托，可以制作出大气的炫酷鎏金风格 H5 模板，并且可以为 H5 添加各类鎏金形状、线条等来装饰整个页面。炫酷鎏金风格 H5 如图 5-4 所示。

图 5-4

5. 古典中国风风格

古典中国风是比较典型的风格，这种风格的 H5 带有传统历史文化的韵味。在设计这种风格的 H5 时，往往选择比较传统的内容。比如常选择红色、黄色、蓝色、白色、黑色、绿色等传统颜色，以及水墨画、书法、剪纸、器具、建筑等传统元素。古典中国风风格 H5 如图 5-5 所示。

图 5-5

6. 国潮风格

国潮风格设计通过对图像、文字、色彩与版式等进行整体归纳与融合，将我国传统文化与精神理念贯穿于作品之中，向大众传达出“国潮”文化内涵，引发大众的文化认同感与情感共识。国潮风格 H5 如图 5-6 所示。

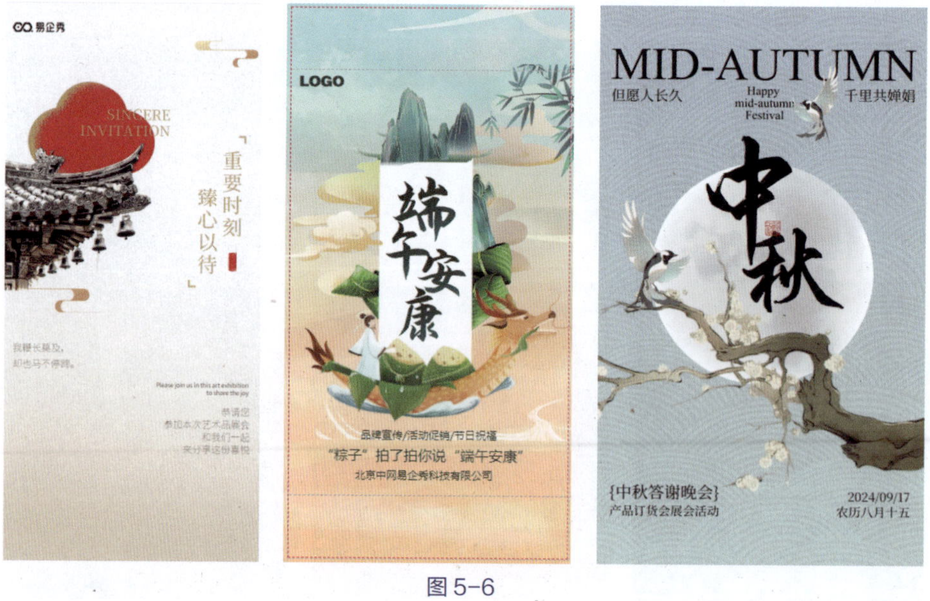

图 5-6

7. 时尚炫彩风格

时尚炫彩风格是利用几何图形、不规则几何图形等，通过各类颜色协调搭配形成的风格。这种风格的 H5 简洁、大气、时尚，颜色明亮，往往让人眼前一亮，如图 5-7 所示。

8. 轻奢鎏金风格

轻奢鎏金风格的设计理念是打造一种精致的设计形式，搭配鎏金文字，在提升质感的同时，给人一种稳定、细腻的协调感。轻奢鎏金风格的 H5 中没有太过抢眼的设计，也没有五彩斑斓的颜色叠加，细节处的表达更能凸显出页面的精致感，如图 5-8 所示。

图 5-7

图 5-8

9. 清新文艺风格

清新文艺风格是以温馨、温柔的色调来体现页面的一种风格。这种风格的 H5 干净、温暖、随意、简洁、清爽，用雅致的色调和舒适文艺的时尚元素构造出整个页面，如图 5-9 所示。

10. 简约手绘风格

简约手绘风格 H5 主要由手绘图案构成，这些图案可以用素描形式、马克笔绘制形式表示，还可以用水彩简单绘制，包括各类手绘卡通人物、植物、动物等。随着科技的不断进步，现在设计师可以直接在计算机软件中进行手绘，更加方便快捷。简约手绘风格 H5 如图 5-10 所示。

图 5-9

图 5-10

5.2 色彩搭配：H5 页面色彩设计

本节介绍 H5 页面的色彩设计方法。

5.2.1 H5 页面设计中常用的配色方案

1. 高端 H5 页面

为了营造视觉上的高端感，H5 页面使用的色彩通常具有明度低、饱和度低等特点，且页面中使用的色彩种类较少。很多高端 H5 页面会以深色作为背景颜色（因为深色更显低调、更具神秘感，给人的感觉更高贵），并以金色、银色、橘红色、白色等作为辅助色。高端 H5 页面如图 5-11 所示。

图 5-11

2. 科技 H5 页面

科技 H5 页面使用的色彩的整体调性通常偏冷色系，明暗对比强烈，且通常会使用渐变色。比如，以深蓝色到蓝色的渐变作为背景颜色，并用高饱和度、高亮度的青色和紫色等作为辅助色，这样搭配辅助色会显得非常跳跃，产生一种发光的效果。科技 H5 页面如图 5-12 所示。

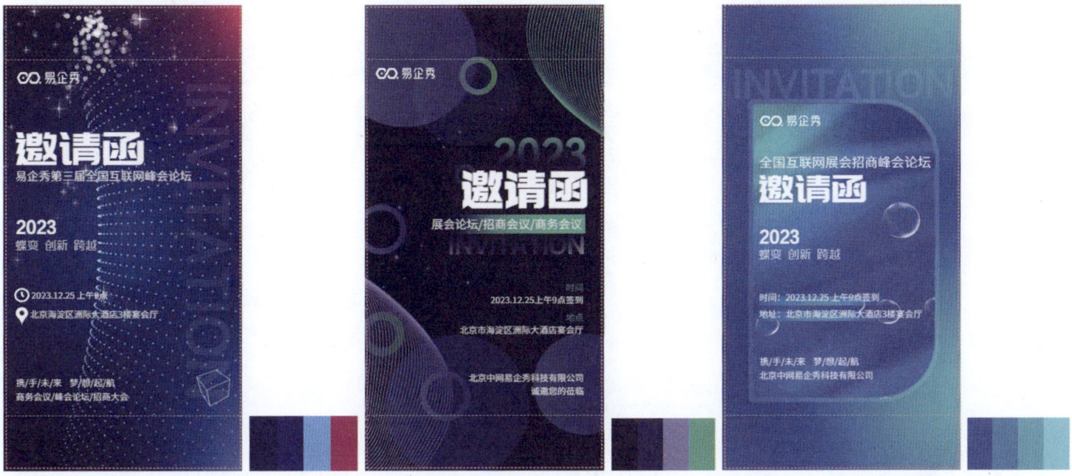

图 5-12

3. 炫彩时尚 H5 页面

炫彩通常指使用具有饱和度高、明度适中、色相对比较强等特点的颜色，而时尚特指年轻化、潮流化。炫彩时尚 H5 页面如图 5-13 所示。

4. 小清新 H5 页面

小清新指轻松、柔和、淡雅的视觉效果。要实现这样的效果，页面使用的颜色的明度通常较高、饱和度偏低，常用的颜色有浅青色、浅绿色、浅黄色、浅蓝色、浅紫色、粉红色等。小清新 H5 页面在女性护肤品、青春类、浪漫类的相关设计中比较常见，如图 5-14 所示。

5. 可爱卡通 H5 页面

跟儿童相关的设计，通常需要采用卡通形式，从而表现出可爱的调性。可爱卡通 H5 页面中采用的色彩通常是冷色和暖色的组合，颜色的明度不能太低，否则会给人压抑的感觉。另外，颜色的饱和度也不能过高，低饱和度的颜色会显得更加柔和。可爱卡通 H5 页面如图 5-15 所示。

图 5-13

图 5-14

图 5-15

5.2.2 H5 页面色彩设计策略

色彩具有高度情绪化和象征性的关联特征。在设计中正确运用色彩，可以起到调动客户情绪、唤起客户记忆等作用。思维将色彩和人的情绪、记忆加以关联，这种关联是各个方面的，比如文化、地理和经历。

除了与情绪、记忆关联以外，色彩还具有象征性符号的关联功能。色彩可以标识一个人、一个公司或一个组织。对于有强烈品牌观念的公司，色彩的运用非常重要。当品牌使用的色彩对比强烈、饱和度高、属于基础色或合成色时，画面往往具有极高的辨识度，可以与其他品牌区分开来。

综上所述，我们要根据行业、客户需求、品牌定位等考虑该用什么样的色彩。比如，要制作一个新年的喜庆 H5，我们首先想到的是红色，就以红色为主体色去变化，并添加金色形成高级红金色调，如图 5-16 所示；要制作一个关于幼儿园的招生宣传的 H5，我们首先想到的是可爱、童真，就用各类颜色去协调搭配，寻找可爱的元素构成可爱的画面，如图 5-17 所示；如果客户要求使用指定的色系及风格制作 H5，比如指定制作橙色调的简约商务风格的企业宣传 H5，我们就可以用比较简单的橙色线条、几何图形等进行构图，并搭建 H5 页面，如图 5-18 所示。

图 5-16

图 5-17

图 5-18

设计的方方面面都离不开色彩的运用，色彩对我们的影响无处不在。设计可以改变我们的生活，让我们的生活充满魅力、活力，让我们对美好充满向往，而色彩让这一切变得更加美丽。在 H5 设计中合理运用色彩，可能会产生意料之外的惊人效果。色彩是设计中较关键、不可或缺的成员，设计和色彩共同创造着美丽的世界！

5.2.3 常用的 H5 配色工具

1. 千图网

千图网提供按照色相和印象搭配的色系，并提供多种配色方案，如图 5-19 所示。

2. Color Supply

在 Color Supply 网站提供的色轮中，按住鼠标左键拖曳黑色指针就可以查看不同的配色方案，如图 5-20 所示。

3. uiGradients

uiGradients 网站提供各类渐变配色方案，如图 5-21 所示。这些渐变配色方案可生成图片，直接用到自己的作品里。

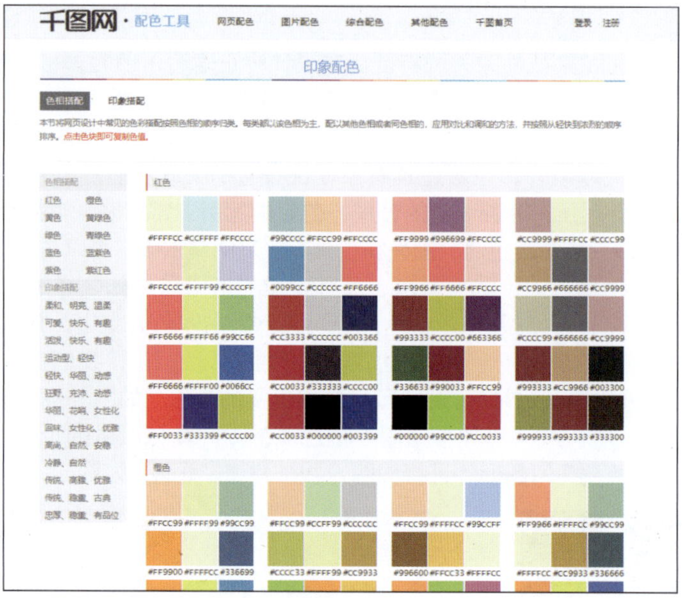

图 5-19

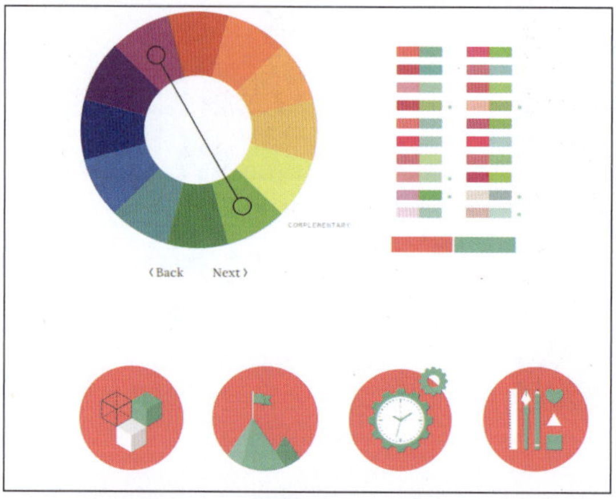

图 5-20

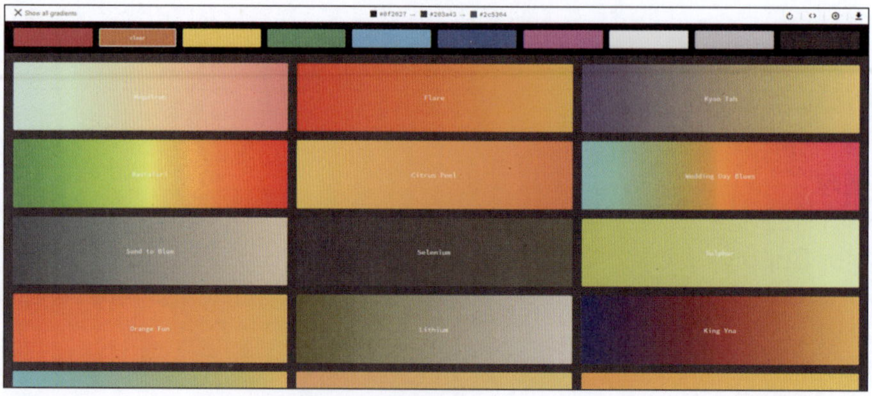

图 5-21

4. WebGradients

WebGradients 网站提供各类柔和的渐变配色方案，如图 5-22 所示。这些渐变配色方案中的颜色都很美观，单击对应渐变色，即可全屏查看。

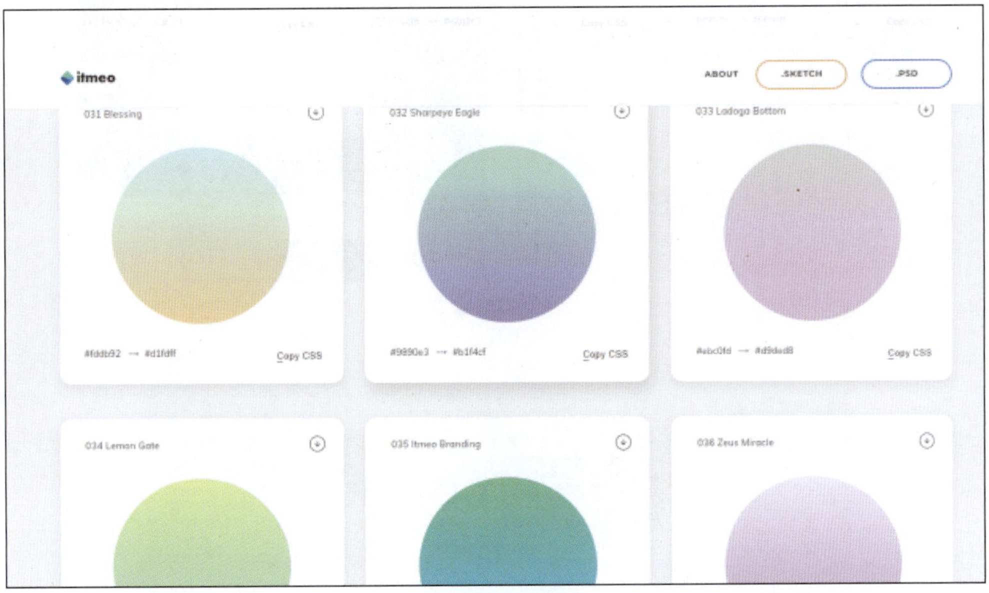

图 5-22

5. zhongguose

zhongguose 网站提供传统中国风配色方案，单击白灰色小圆环，即可查看颜色，如图 5-23 所示。

图 5-23

6. Material Palette

在 Material Palette 网站中选择颜色后，网站会自动生成一套配色方案，对这套配色方案可以进行实时预览，如图 5-24 所示。

7. hello-color

hello-color 网站能够快速生成对比色，在网页上单击可以寻找想要的对比色，如图 5-25 所示。

8. Hailpixel

在 Hailpixel 网站的网页上单击，可以迅速生成色系，且该网站会显示颜色的 RGB 值（该值可复制），如图 5-26 所示。

图 5-24

图 5-25

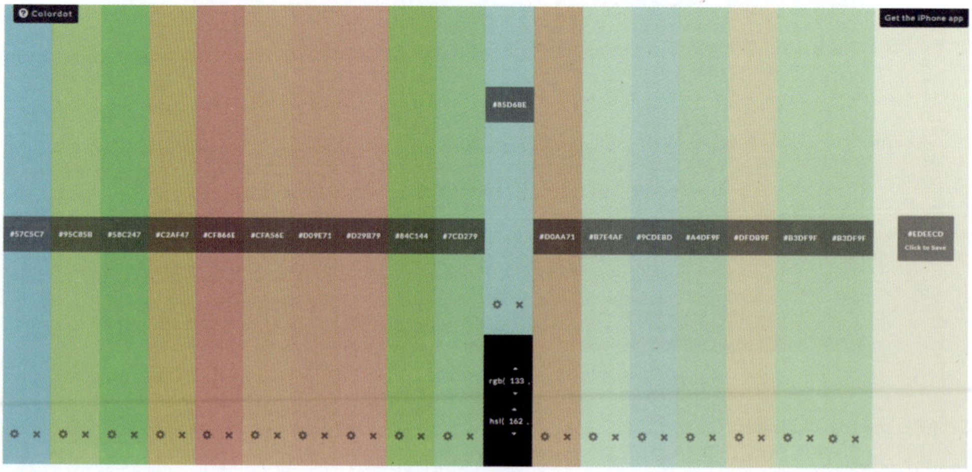

图 5-26

5.3 图文设计：用高颜值图文提升画面质感

本节介绍 H5 页面的图文设计方法。

5.3.1 H5 页面排版设计

H5 页面常用的排版设计方式包括以下 3 种。

1. 居中排版

居中排版是将文字元素全部居中，尽量将在逻辑上有关系的两个视觉元素放在一起，使它们变成一个视觉元素。一般情况下，将同类信息放在一起能够提高用户获取信息的效率。居中排版的 H5 如图 5-27 所示。

图 5-27

2. 左、右对齐排版

左、右对齐排版是指将元素全部向左或向右对齐。使用这种排版设计方式一般会先提取重要信息，然后通过对比的方式进行展现。常用的对比方式有层级对比，字号、字重、颜色、字体对比。左对齐排版的 H5 如图 5-28 所示。

图 5-28

3. 画面整体分布型排版

画面整体分布型排版是指将画面元素全屏分布，结合左对齐、右对齐、居中对齐的方式整合元素信息从而进行排版，需要给信息分层级、从大量信息中提取重要信息，并从字体、字号、颜色去区分层级关系。画面整体分布型排版的 H5 如图 5-29 所示。

图 5-29

5.3.2 H5 页面层级和元素设计

本小节介绍 H5 页面层级和元素的设计方法。

1. 层级

（1）从内容区分层级

在一个 H5 页面中，内容越靠上、靠左越容易吸引客户的注意，所以左上角或垂直中间偏上的位置一般用来排列标题、主要内容等，最顶部和底部排列一些标语、注解等。按这样的方式把内容排列好，能够制造出简单的层级关系，如图 5-30 所示。

（2）从目标大小区分层级

越大的目标越容易吸引客户的注意。字号最大的内容一般都是最主要的信息，如标题、核心卖点等。与主要信息相关的内容需要按文字大小、位置来排列，这样就可以形成较明显的层级，如图 5-31 所示。

（3）从色彩区分层级

色彩是设计中不可或缺的一部分。在色彩搭配的基础上，我们可以对各项元素进行层级区分。图 5-32 所示的 H5 在金色文字的衬托下显得高贵典雅，在大面积白色元素中，金色显得格外突出，这样就将层级区分开来了。

（4）从透明度区分层级

不同透明度的元素在一起会形成虚实对比的效果，从而增强页面空间感。把重要信息设置成低透明度的，把次要信息设置成高透明度的，是区分层级的有效手段，如图 5-33 所示。

（5）通过增加线、框区分层级

给文字增加线或框，就好比用笔把书上的某些内容圈出来，能使其更加突出。有线框的文字能够和无线框的文字区分开来，不同形状的线框也能彼此区分，如图 5-34 所示。

（6）用色块区分层级

色块是具有强烈视觉冲击力的设计元素，所以给重要的文字信息加上色彩对比鲜明的色块，能使其变得更加突出，与其他元素形成鲜明对比，从而使画面的层级关系变得明显，如图 5-35 所示。

图 5-30

图 5-31

图 5-32

图 5-33

图 5-34

图 5-35

2. 元素

在设计 H5 页面时，最好使用一致或类似的元素。例如，使用统一的图形装饰框等，这样可以产生视觉上的关联性，使整体更加统一化、一致化。

当然，统一性法则不仅体现在元素选择上，也体现在色彩表现上。例如，各页的图形元素用同一色系的颜色填充，可以让图形在视觉上更统一。统一性法则还体现在图形的表现方式上。例如，所有的图形都用一样的插画型表现方式，能够使图形元素的表达在视觉上更统一。

5.3.3 H5 页面信息的可视化设计

易企秀 H5 编辑器包含几种可视化信息的功能，比如点赞、头像墙、弹幕、留言板、浏览次数、动态数字、数据图表等，如图 5-36 所示。将这些功能直接应用在页面上，可以让用户直观准确地看到相关信息，同时增强互动性。

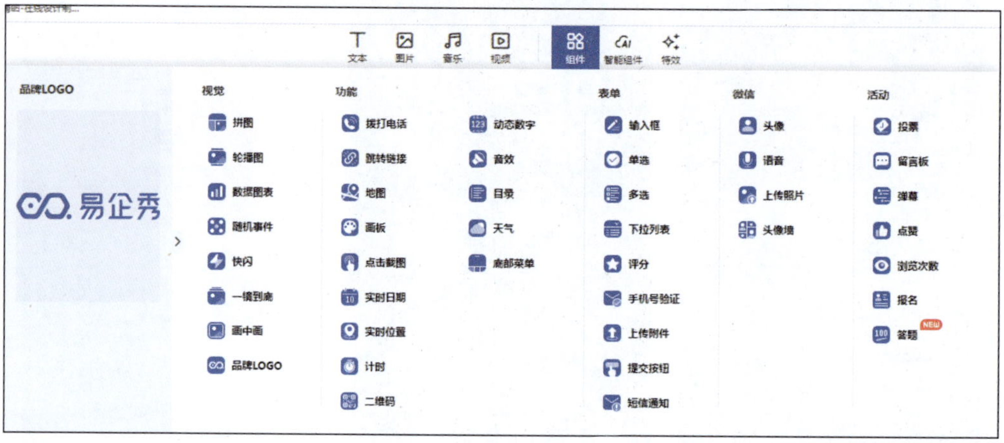

图 5-36

5.3.4 H5 页面留白设计

留白是 H5 设计中一种独特的艺术语言。留白并不意味着没有内容，它在页面布局中是不可或缺的一部分。将留白巧妙、合理地应用在设计中，能为观者提供一个舒适的阅读环境，使其快速地获取信息，切实提升画面的艺术与审美价值。H5 页面留白设计包括以下几种。

1. 对角留白

如果一个页面采用对角构图，即将主要元素分布在对角线上，那么与该对角线相对的两个角就可以空出来进行留白处理，使画面具有平衡性与优秀的设计感，如图 5-37 所示。

2. 单侧留白

排版时在画面的一侧设计主要内容，对另一侧进行留白处理，能让画面在视觉上产生一种对比，形成一种通透的感觉。留白的部分可以完全保持空白，也可以增加点、线、面的结合元素，使画面内容更加丰富，如图 5-38 所示。

3. 区隔留白

区隔留白的作用是把不同信息分隔开来，比如可以在标题与正文之间、正文与图片之间留出一片空白，这样的排版会比只留一两处空格的排版更有呼吸感，如图 5-39 所示。

4. 对称留白

对称的手法让画面看起来简洁又工整。对称留白能最大程度地突出主题，而主题的丰富程度决定了画面的丰富程度，如图 5-40 所示。

5. 突出主体留白

有些画面具有简约、精致的卡通主体物，我们可以使用突出主体留白来突出主体，抓住观者的眼球，如图 5-41 所示。

6. 天空留白

如果画面以天空作为背景，可以直接在天空上端颜色纯净处排版文字。保留天空的完整性，可以给人一种开阔、干净的感觉，如图 5-42 所示。

图 5-37

图 5-38

图 5-39

图 5-40

图 5-41

图 5-42

5.3.5 H5 页面视觉平衡设计

H5 页面视觉平衡设计方式包括以下 4 种。

1. 色彩平衡

颜色的冷暖色调、灰度、饱和度，在相同尺寸下，不同色系显示出来的效果也不同。一般而言，暖色会比冷色重。比如同等大小的红蓝色块，在视觉上红色更重，如图 5-43 所示。在取色的时候，我们需要协调整体画面，从它的灰度、饱和度等区间取色，让画面具有视觉上的舒适感，如图 5-44 所示。

2. 构图平衡

要让整个画面产生平衡感，需要通过对元素进行安排及调整将视觉中心放在画面的中心位置上。构图上的不平衡会使画面内容模糊不定，让人难以理解。在制作画面时，我们的首要任务不是让视觉效果多么奇幻特别，而是把想表达的内容清晰、明了地呈现出来，而不平衡的构图会干扰人的直觉判断。在构图平衡的情况下，层级分明、信息清晰，标题、副标题、正文能得以直观展现，如图 5-45 所示。

图 5-43

图 5-44

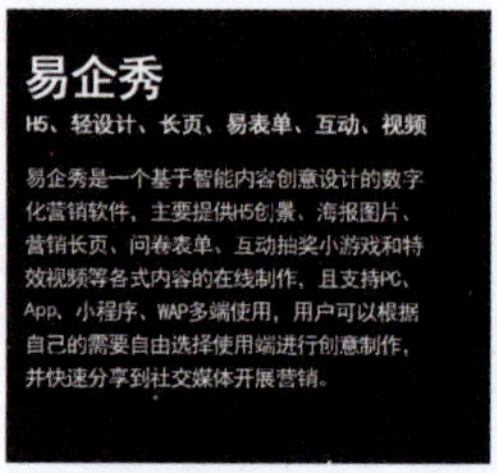

图 5-45

3. 位置平衡

有些图案之所以能够吸引眼球，是因为它们会引导人们的视线去往画面的中心点。通常，带有图案的元素及带有纹理贴图的元素显得很重。我们在制作的时候，需要对中心主体物加深视觉印象，以吸引眼球，而在对角或上下角处需要进行辅助设计，比如使用英文、虚实线进行点缀等，只有补偿了上下、前后、左右空间的不平衡，才会让画面达到视觉平衡，如图 5-46 所示。

4. 元素平衡

平衡稳定的元素会使视觉效果更加平衡持久。在图 5-47 所示的画面中，一个圆会引导人们的视线去往画面的中心位置。

图 5-46

图 5-47

5.3.6 H5 页面视觉心理设计

通常，H5 页面视觉心理设计需要体现以下几方面特点。

1. 亲密性

距离影响着人们对组织的认知。通常，我们会认为彼此靠近的两个元素属于同一个组织。因此，我们在制作 H5 时，需要特别注意各类元素、图文的划分，列出重点并构造出关系网，如图 5-48 所示。

图 5-48

2. 相似性

人们习惯将看到的东西，按照形状、大小、颜色、方向等特征进行分类。所以我们在设计页面的时候，需要先确定整体的风格，再进行规划性设计。内容的颜色需要保持统一，大小需要根据内容的重点进行对应的设置，如图 5-49 所示。

图 5-49

3. 图层关系

人们在感知事物的时候，总是习惯性地将视觉区域划分为主体和背景，即将突出的元素视为主体，将其余元素视为背景。我们在设计作品的时候，需要划分主体元素和背景元素，让用户能快速感知到此作品的大致含义，如图 5-50 所示。

4. 延续性

当我们发现视觉规律后，会希望对象能够按照规律延续下去。在设计中，有效的对齐可以缓解用户的视觉疲劳，保持视觉的延续性，如图 5-51 所示。

图 5-50

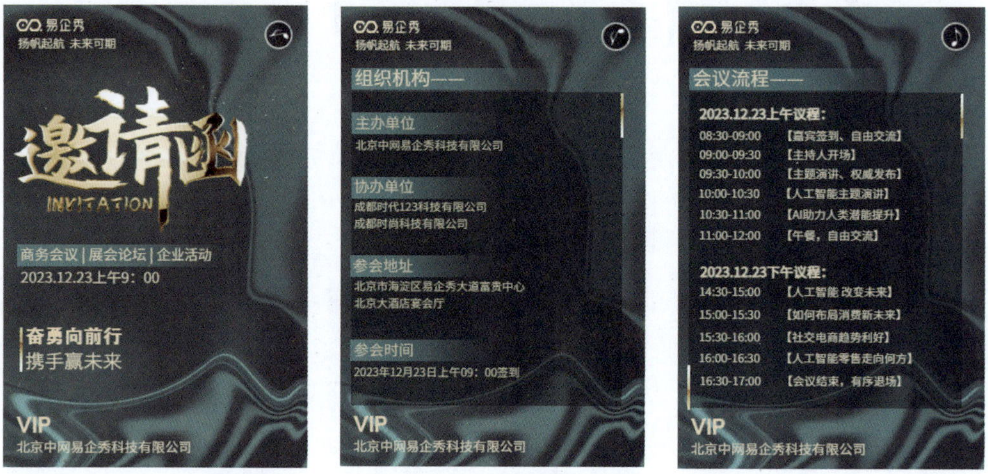

图 5-51

5.3.7 H5 页面图片设计

易企秀 H5 编辑器提供了可以有效、快速地进行图片排版和展示的组件，如拼图（见图 5-52）、轮播图、立体魔方等。这些组件可以用既美观又有趣的方式将上传的图片展示出来。轮播图和立体魔方的设置如图 5-53 和图 5-54 所示。

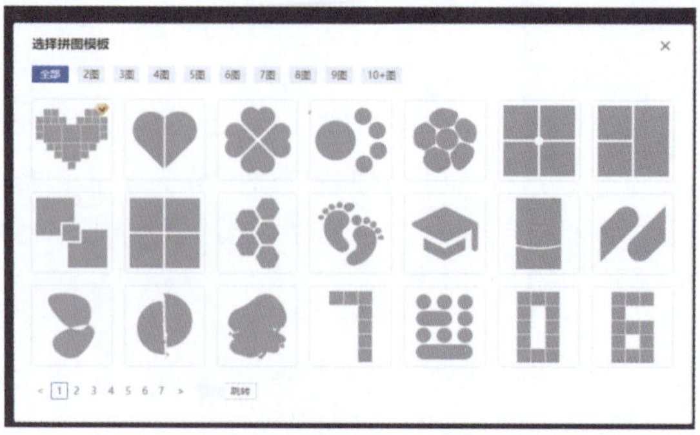

图 5-52

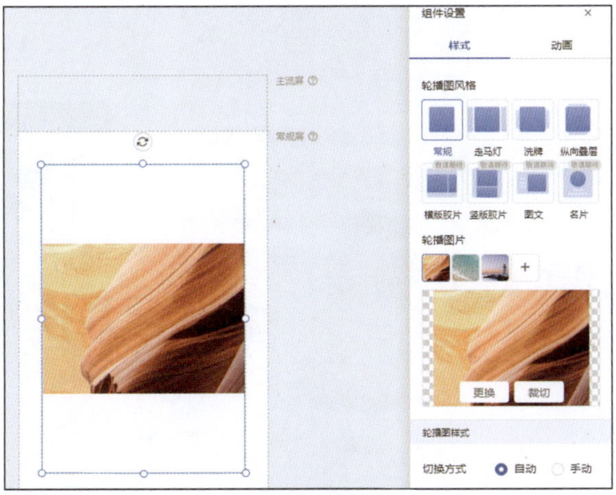

图 5-53

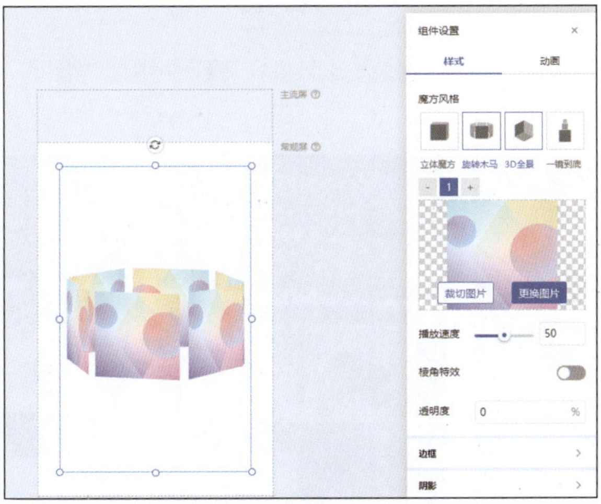

图 5-54

我们在设计时，也可以对图片自行排版。在编辑器里可以设置圆弧度、描边、投影等，且图片具有方形、圆形、圆弧形等排版样式，如图 5-55 所示。

图 5-55

图 5-55（续）

在制作 H5 的时候，如果想要更好地凸显产品，可以使用整体图和局部细节图，如图 5-56 所示。

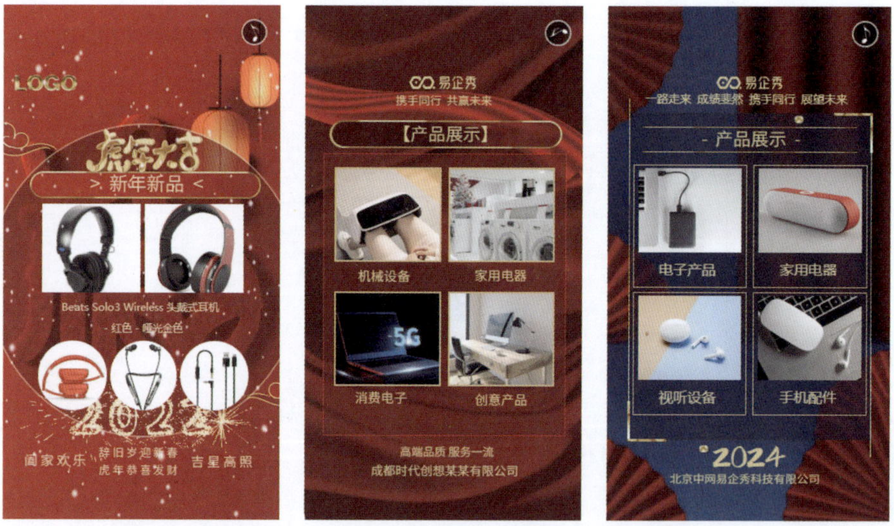

图 5-56

5.3.8 H5 页面文本设计

H5 页面文本设计包括图文搭配设计和纯文字设计两种。其具体操作如下。

1. 图文搭配设计

在图文搭配设计中，可以使用图片和文字来丰富整体页面。文字可以是具体的正文描述，也可以是关键性信息，如图 5-57 所示。

2. 纯文字设计

在纯文字设计中，需要注意文字整体的对齐方式和关键性内容的展示。可以制作形状图标来凸显一些关键性信息，还可以使用中英文结合的方式来丰富页面内容，如图 5-58 所示。

LOGO
企业宣传 产品宣传 营业通知
· 品牌释义 ·
是一个年轻活力的品牌，她潮流、国际化，她希望用最低的价格让顾客去享受最流行的当下时尚，用简单易穿的单品制作流行的搭配与造型，让时尚变得容易，她融合了伦敦当下的穿搭方式，混搭出当下的流行，时而甜美，时而性感，充分展现女性俏皮柔美与女性化的一面。
没有一个冬天不可逾越 没有一个春天不会到来
北京中网易企秀科技有限公司
- 美好如期而至 -
INVITATION
北京中网易企秀科技有限公司
INVITATION
微信昵称
WE'RE MARRIED

图 5-57

- 参会流程 -
INVITATION
北京中网易企秀科技有限公司
LOGO
INVITATION
·诚挚邀请·
尊敬的：浏览者昵称
齐心协力 合作共赢
12月28日，邀请你诚挚参加会议！
以“从心赋能，向阳而生”为主题的
易企秀秋冬新品发布会暨全国经销商大会
在北京市海淀区大酒店召开，
以产品为重点，搭配浪漫戳心的告白气球，
表达“送给家人的温度告白”这一品牌理念
诚挚邀请您莅临参加本次会议
北京中网易企秀科技有限公司
LOGO
企业宣传 产品宣传 营业通知
三月再见 四月你好
还没有好好感受三月的时光，
四月已然悄悄来临。
微风吹来，仿佛天气又暖了几分，
空气中到处弥漫着甜甜的香味，
那是花香，也是树芽草芽初生的气息。
生活，有酸有甜有苦有乐，
不管如何，我们都要好好得过。
也许身心疲惫，但挺着挺着就承受了；
也许手足无措，但忍着忍着就面对了；
也许哭笑不得，但走着走着就过去了。
在一切变好之前，总要经历一段不开心的日子。
每一份努力都不会被辜负，
每一份坚持都是成功的积累，
只要相信自己，总会遇到惊喜。
#三月再见，四月你好#
没有一个冬天不可逾越 没有一个春天不会到来
北京中网易企秀科技有限公司
LOGO
- 辉煌壮丽七十五载 -
01
02
03
04
北京中网易企秀科技有限公司
易企秀
携手同行 共赢未来
【公司优势】
创新能力
核心技术
高端品质 服务一流
成都时代创想某某有限公司
易企秀
- 招聘职位 -
网页设计师
前端工程师
电话销售
网络销售
文案编辑
活动策划师
行政部文员
更多职位详情请搜索微信公众号：易企秀
北京中网易企秀科技有限公司
DREAM

图 5-58

5.4 实战案例：制作爆款高级质感 H5

本案例适用于各类行业的邀请函，比如商务会议邀请、论坛邀请、产品发布会邀请、高峰论坛邀请等，适用范围广泛，风格是国潮大气红蓝鎏金风。本案例作品采用了一镜到底、快闪、跳转链接、地图、表单、二维码等功能，对各类会议上的互动而言都很适用，音乐大气激昂，让人一打开就能感觉到这个会议至关重要，如图 5-59 所示。

图 5-59

资源位置

素材位置	素材文件 >CH05>5.4 实战案例：制作爆款高级质感 H5
视频位置	视频文件 >CH05>5.4 实战案例：制作爆款高级质感 H5.mp4

微课视频

操作步骤

第一步 上传相关素材。我们需要先上传外部设计好的页面素材，并上传渲染好的“邀请函”GIF 鎏金主题文字。上传完成以后，我们为这些素材添加对应的动画，可以用易企秀自带的文本去编辑一些简单文字、副标题等，如图 5-60 所示。

图 5-60

然后用易企秀官方提供的鎏金图片框对副标题文本进行修饰。在图片组件的图片库中搜索“鎏金”即可找到本案例使用的图片框，如图 5-61 所示。

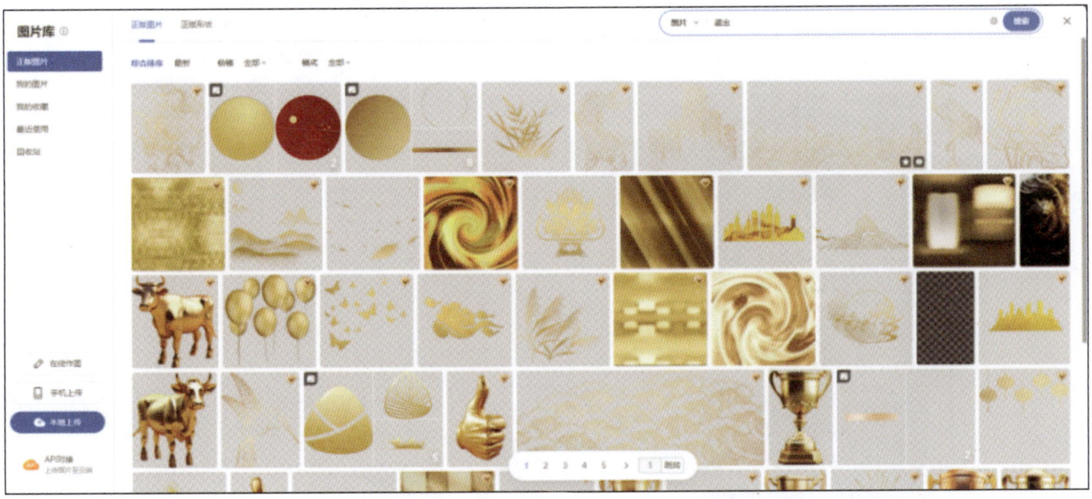

图 5-61

第二步 设置入场 GIF 背景。本案例的 GIF 背景是易企秀图片库里自带的红色粒子 GIF。先单击图片里的 GIF 素材，再勾选偏红色背景，找到自己需要的 GIF 图进行使用即可，如图 5-62 所示。

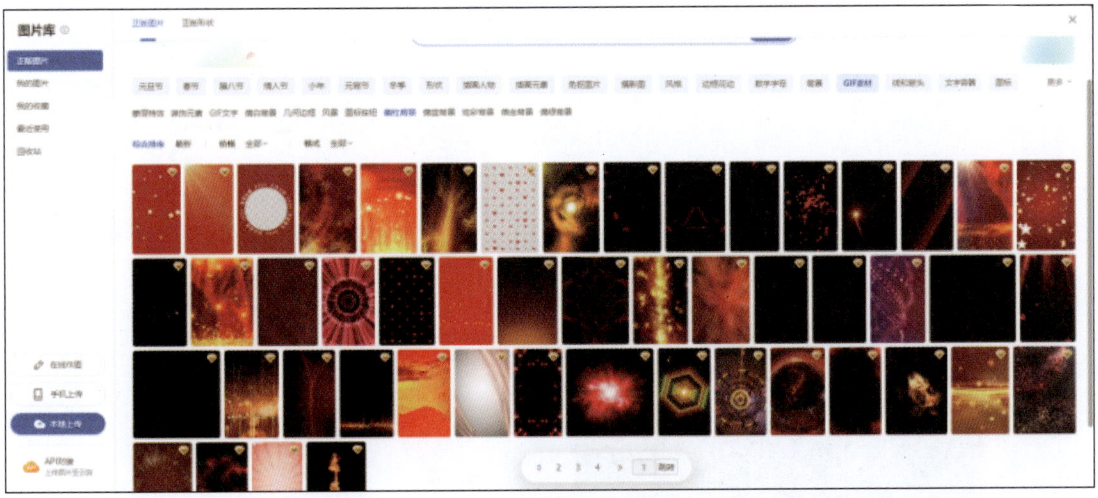

图 5-62

然后单击“背景应用于所有页面”按钮，如图 5-63 所示。

第三步 制作一镜到底页面。选择组件里的一镜到底功能进行添加，系统会自动生成 3 个空白的一镜到底页面，我们对第一页或第二页进行编辑。因为预览的时候，如果在第一页制作了内容，就会影响整体效果，使页面变得模糊，所以笔者一般会保留第一页，直接从第二页开始制作内容。准备好你需要的文字素材和图片素材，为画面的中间部分留白，把素材背景图片放到画面的两边，运用易企秀图片库里的鎏金框进行描边修饰，在两边的背景素材上写好你需要的文本内容，如图 5-64 所示。

制作好第二页的内容之后，可以直接复制页面以制作第三页、第四页、第五页……根据你的需要制作好所有页面以后，删掉最初自动生成的空白的第三页，因为我们复制的是第二页，这个空白的页面就无用了。然后开启“自动滑动画面”，再把播放速度设置为“快”，这个一镜到底页面就制作好了，效果如图 5-65 所示。

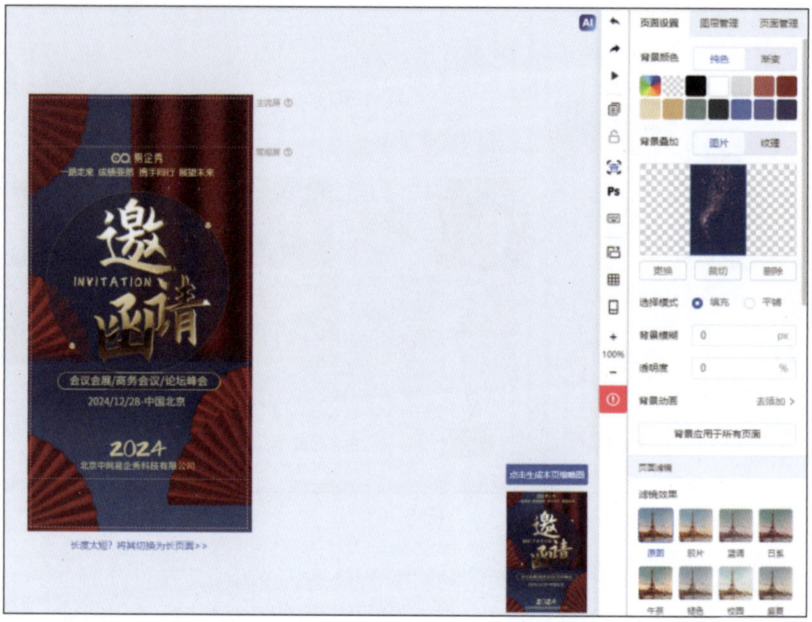

图 5-63

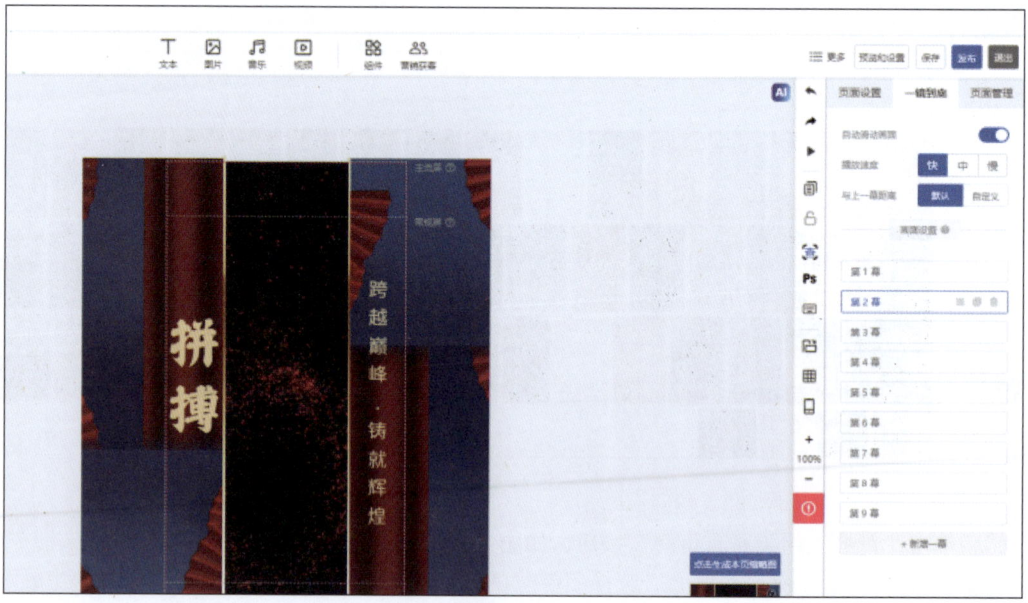

图 5-64

第四步 制作快闪页面。快闪页面的制作过程和一镜到底页面的制作过程类似，只是所用到的组件不同。我们在页面管理中添加一页空白的页面，选择组件里的快闪功能，系统会自动生成 3 个空白页面。我们直接对第一页进行编辑，可以编辑文本内容、图片内容，这里只需要设置好第一页元素的动画时间和停留时间即可。设置好第一页的元素动画以后，我们直接复制第一页的内容以生成第二页，再修改第二页的内容，动画并非必须修改，根据自己的需要进行对应的设置即可。把所有快闪页面制作好以后，删掉最初自动生成的空白的两个页面。注意，我们在制作的时候，如果某个页面没有动画，回到第二页单击“背景应用于所有页面”按钮即可为页面添加动画。快闪页面效果如图 5-66 所示。

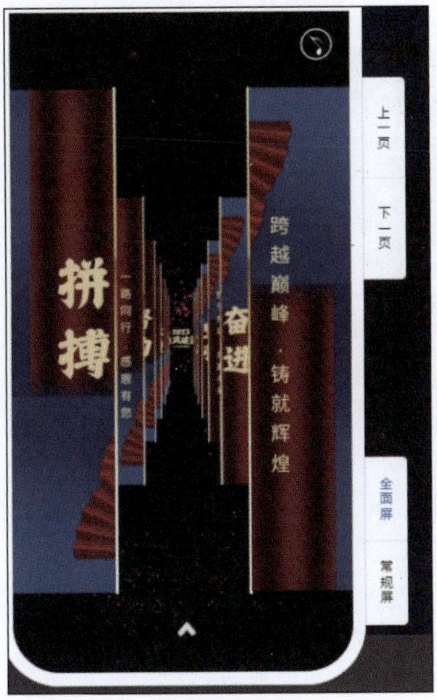

图 5-65

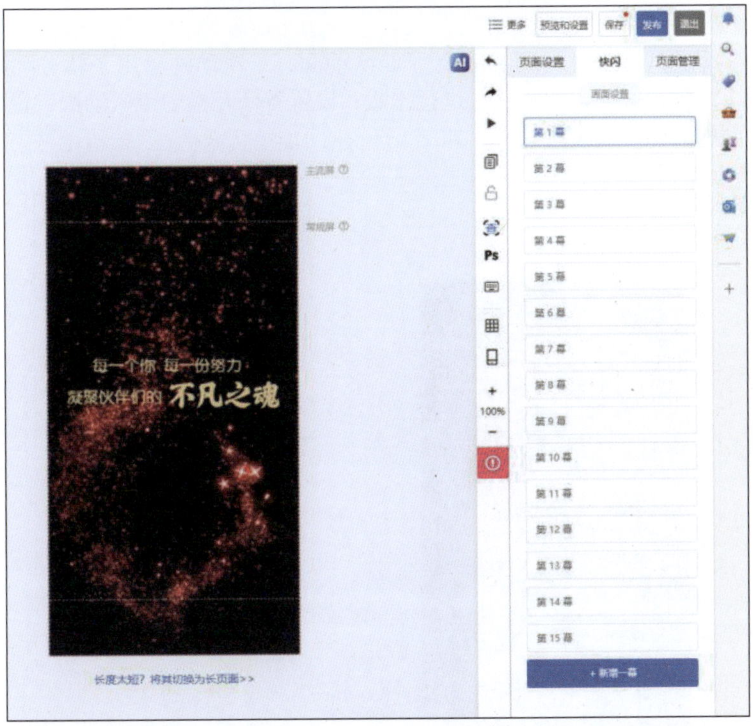

图 5-66

第五步　制作正文内容。复制第二页的封面内容，将封面内容粘贴到第四页，然后把第四页中间部分的内容删掉，选中并使用图片组件形状库里的长方形形状，吸取蓝色背景的颜色，将其设为该长方形形状的颜色，设置这个长方形形状的不透明度、长和宽，效果如图 5-67 所示。

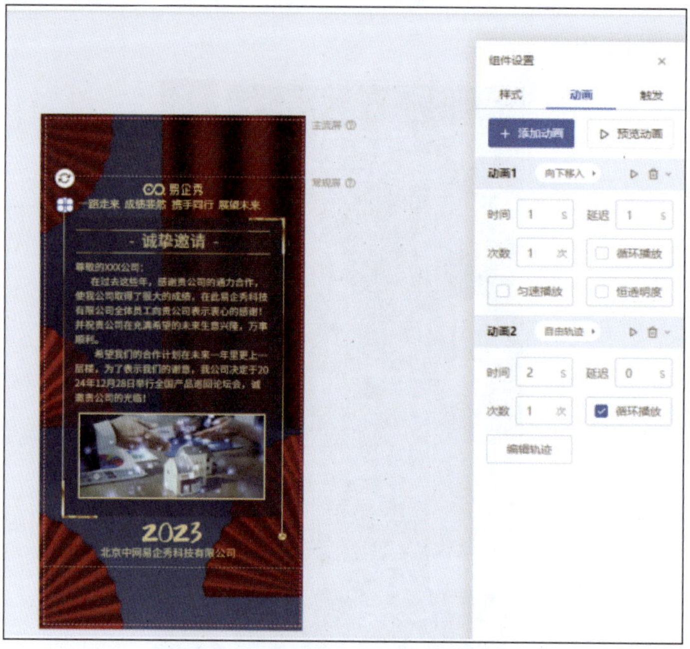

图 5-67

接下来制作正文内容标题框。这里直接使用了鎏金底框，将其拉动并缩小至一条线，复制这条线并放到合适位置，写上标题内容，再复制几个，用于制作纵向鎏金线条和鎏金小圆点。然后设置鎏金小圆点的动画。这里为小圆点设置了二次动画，二次动画运用了轨迹动画。设置好两个鎏金小圆点以后，编辑正文内容和图片并进行排版，设置各个元素的进入动画，也可以根据自己的需要设置二次动画和具体的动画时间等，如图 5-68 所示。

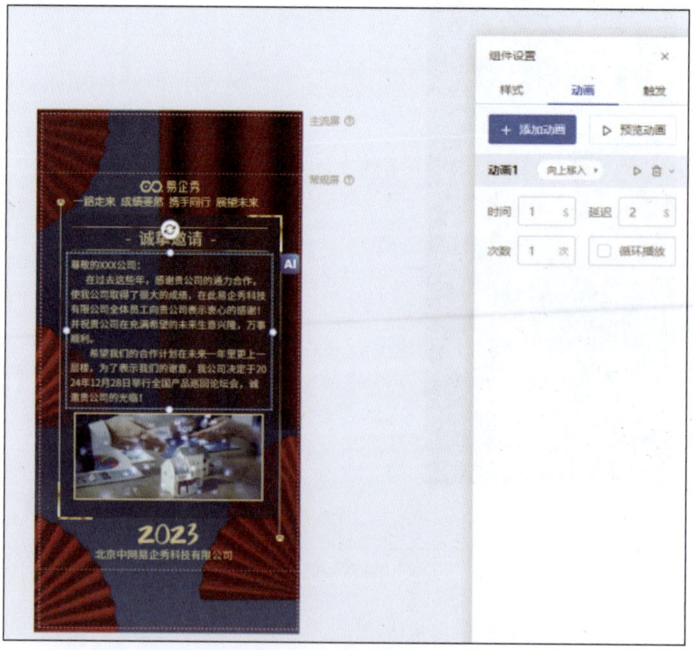

图 5-68

制作好此页面以后，直接复制以制作后面的页面。复制方法如图 5-69 所示。

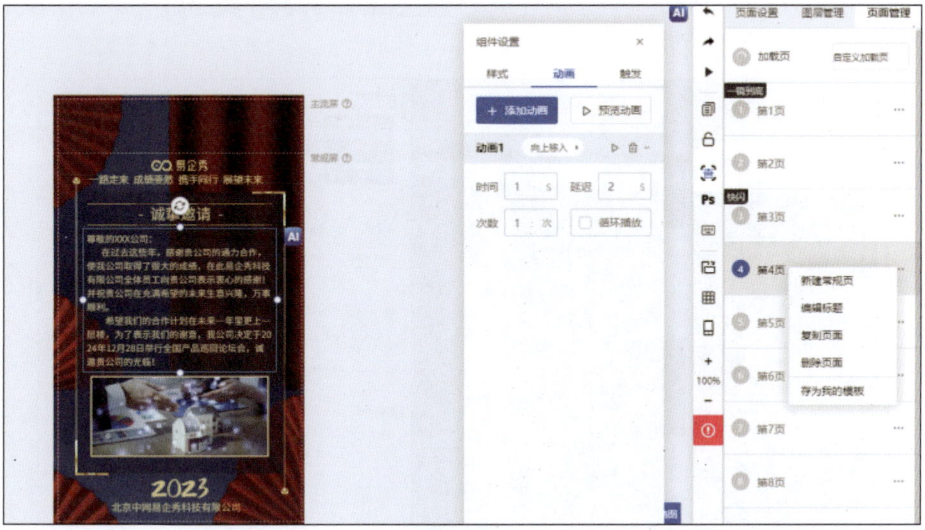

图 5-69

第六步 添加及设置地图。使用组件里的地图功能可以设置公司所在的准确地址，直接粘贴公司的地址，自动生成地址。用户打开此页面，可以直接导航到该地址，方便快捷。然后编辑文本，包括公司地址、联系电话、企业邮箱等。

第七步 添加及设置表单。组件里的输入框包含姓名、电话、邮箱、日期、文本这些类型，我们可以根据自己要收集的信息对应选择，如果前几种中没有需要使用的类型，就直接选择文本。通过文本可以自行设置想要收集的信息。然后设置表单边框弧度，修改文字颜色和边框颜色。这里收集手机号使用的是手机号验证的表单，我们选择组件里的手机号验证组件，设置好输入框颜色、边框弧度等即可，如图 5-70 所示。

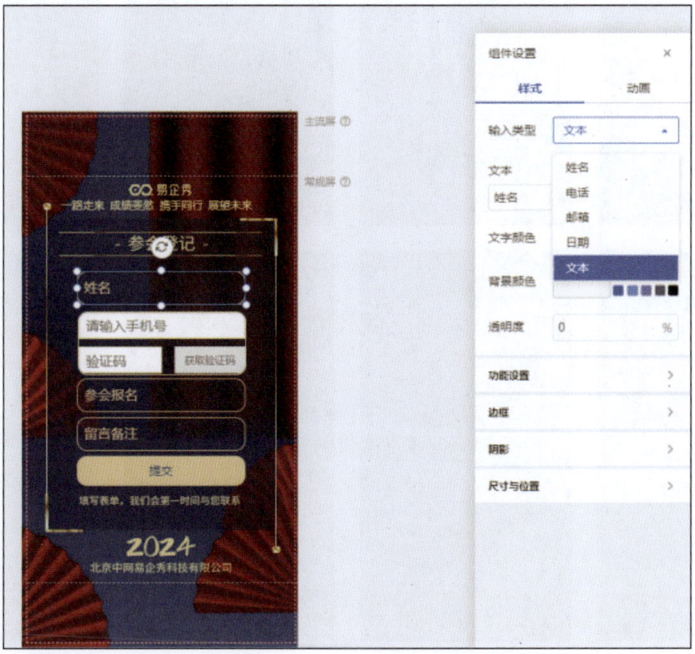

图 5-70

第八步 添加音乐，设置分享的标题和描述。首先选择自己觉得合适的音乐，可以选择易企秀官方提供的音乐，也可以上传自己的音乐。然后根据需要设置标题和描述，如图 5-71 所示。设置好以后，直接保存并发布即可。

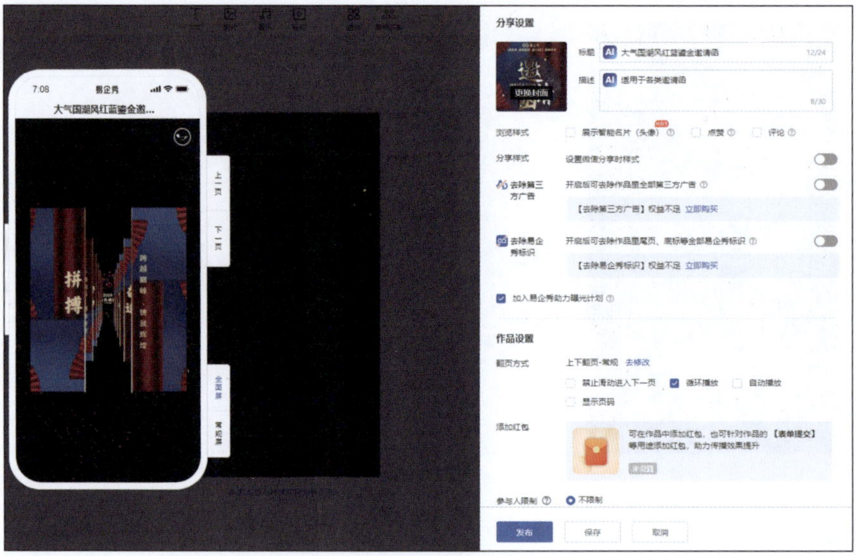

图 5-71

本案例全部效果如图 5-72 所示。

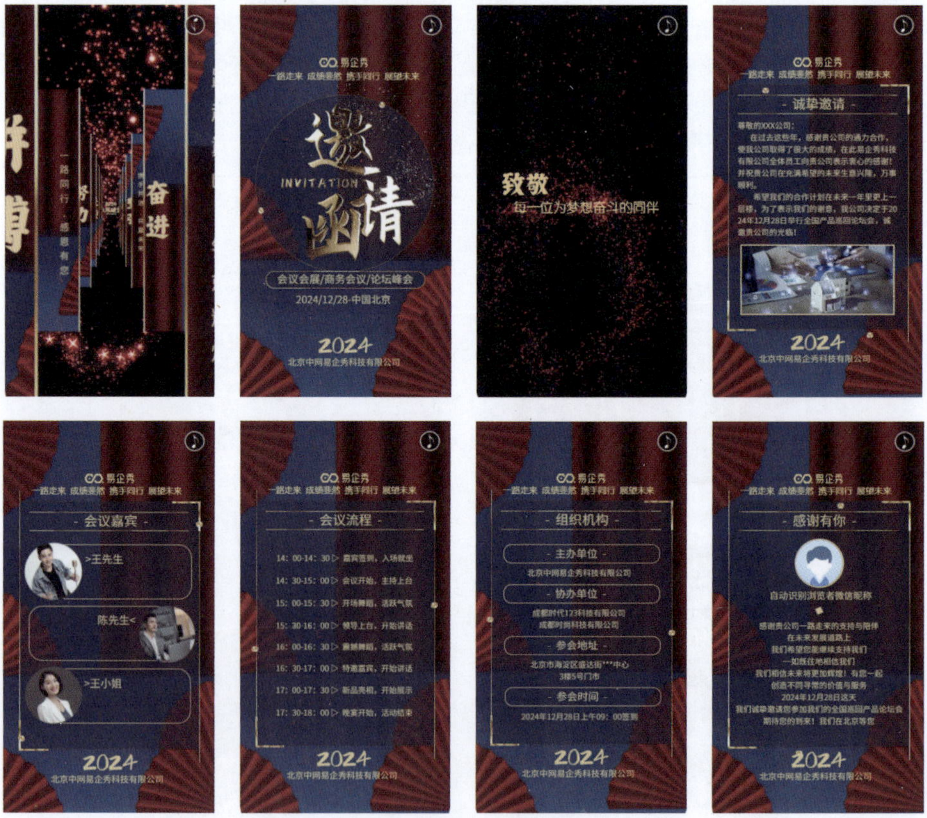

图 5-72

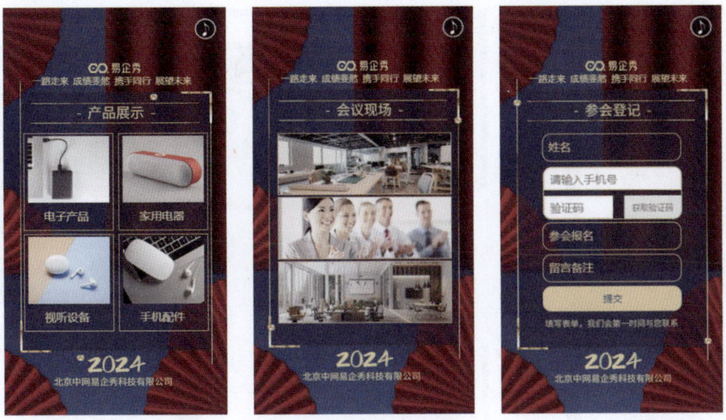

图 5-72（续）

5.5 课后习题：制作招聘宣传 H5

本案例适用于所有公司的人才招聘宣传。励志文案、大气音乐、白云动效，展现了本案例的整体风格。本案例运用蓝天白云的背景，衬托主题“同努力，共拼搏”，让人共情。本案例效果如图 5-73 所示。

图 5-73

资源位置

素材位置	素材文件 >CH05>5.5 课后习题：制作招聘宣传 H5
视频位置	视频文件 >CH05>5.5 课后习题：制作招聘宣传 H5.mp4

微课视频

设计要点

在风格上：整体采用简约商务风格，运用蓝天白云作为背景，让人眼前一亮，加上励志的主题文字，让人产生共鸣，如图 5-74 所示。

在动画上：运用白云走动的入场特效，以及类似幻灯片的快闪，加上励志图片和正能量的文字修饰，大气简洁、振奋人心，如图 5-75 所示。

在音乐上：运用易企秀音乐库中的大气音乐，让人一打开作品就感觉激昂奋进，直接置身于这个 H5 作品想表达的意境里。

图 5-74

图 5-75

在内容上： 制作了公司简介、工作环境、招聘职位、职位描述、薪资待遇等相关内容，基本覆盖了招聘类宣传内容，作品内容丰富且重点突出，应用范围极为广泛。

特殊组件： 快闪、地图、表单、二维码。

本案例效果如图 5-76 所示。

图 5-76

易企秀
只/有/不/断/前/行 才/能/抵/达/终/点
- 职位描述 -
>> HR：
1.组织机构的设置
2.企业组织机构的调整与分析
3.企业人员供给需求分析
4.企业人力资源制度的制定
给你舞台 让你精彩
>> 人事专员：
1.负责部门考勤(出勤、年假、加班的平衡)
2.协助人事部组织各种员工活动，做好员工福利工作(奖品、节假日礼品的发放)
3.组织员工沟通，对问题进行及时反馈
4.负责与公司管理做招聘接口工作
北京中网易企秀科技有限公司
DREAM
易企秀
只/有/不/断/前/行 才/能/抵/达/终/点
- 加入我们 -
姓名
请输入手机号
验证码
获取验证码
学历
应聘职位
提交
北京中网易企秀科技有限公司
DREAM

图 5-76（续）

第 6 章

H5 创意互动设计

本章介绍 H5 设计中影音和动效设计方法及高级互动组件的应用，帮助读者将 H5 设计得更具创意和高级感，进一步提升设计水平，以满足日常工作的应用场景，如制作各类邀请函、企业介绍、互动游戏等。

【本章学习任务】

掌握运用影音增强 H5 画面的张力的方法。

掌握运用动效打造 H5 页面交互体验感的方法。

掌握运用高级互动组件打造炫酷 H5 的方法。

练习高端创意互动 H5 的制作。

练习清新淡绿色婚礼邀请函的制作。

6.1 影音设计：增强 H5 画面的张力

本节介绍利用影音设计来增强 H5 画面的张力的方法。

6.1.1 加入外接视频

通常，我们在制作 H5 的时候，为了提高整个作品的辨识度及宣传效果，会给这个作品添加视频，当用户翻到作品中包含视频的页面时，直接点击视频播放按钮，就可以观看视频了。

视频可以从视频库添加，可以使用易企秀自带的视频，也可以使用自己上传的宣传视频，如图 6-1 所示。

图 6-1

另外，还可以添加外接视频。外接视频需要通过通用代码添加，如图 6-2 所示。

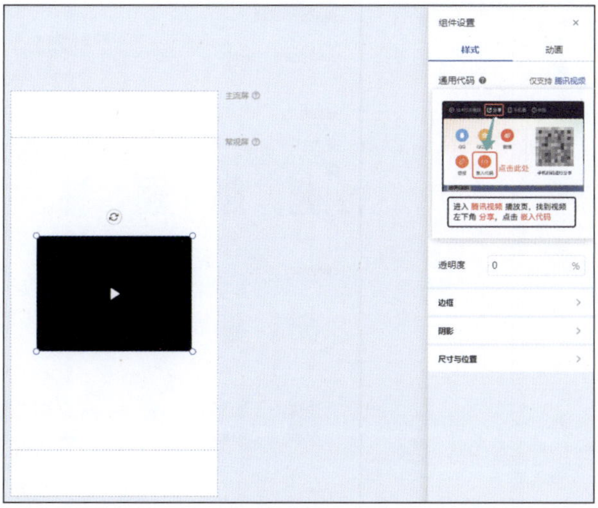

图 6-2

6.1.2 加入外链视频

易企秀提供了添加链接的功能，如果我们需要让用户查看线上的视频，可以在作品中设置一个跳转链接按钮，在“链接地址”输入框中输入视频链接，当用户浏览到包含按钮的页面时，可以点击按钮以查看视频，如图 6-3 所示。

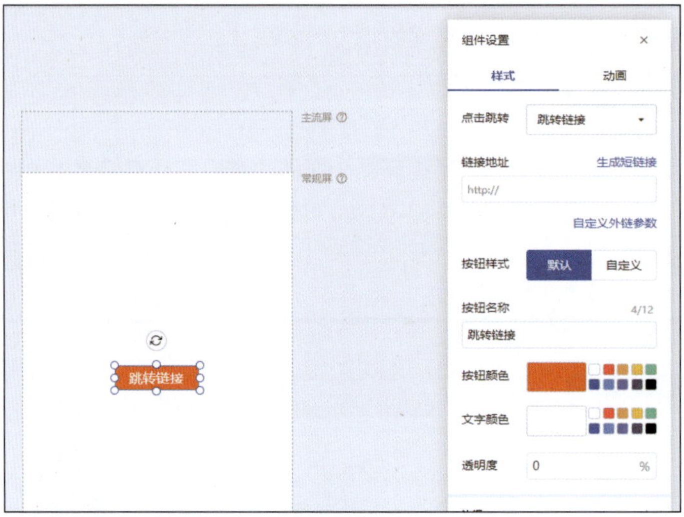

图 6-3

6.1.3 常用的 H5 动画和视频制作工具

1. 常用的 H5 动画

一般常用的 H5 动画是进入动画，如图 6-4 所示。如果需要进行互动、二次强调等，可以使用强调动画和退出动画。页面的翻页动画也十分有趣。我们在制作完成作品后，可根据自身的需要和作品的风格等设置对应的翻页动画，如图 6-5 所示。

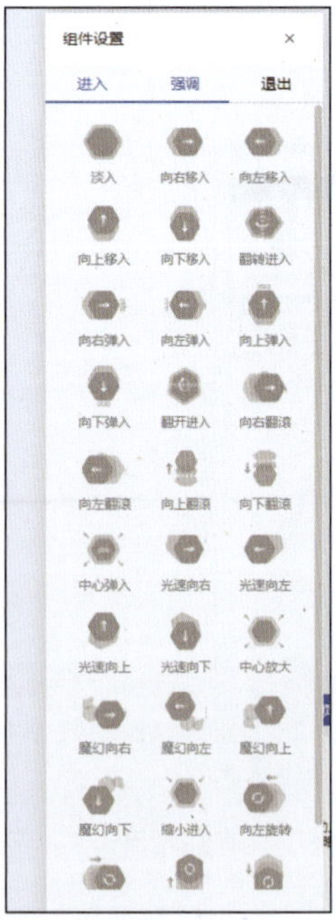

图 6-4

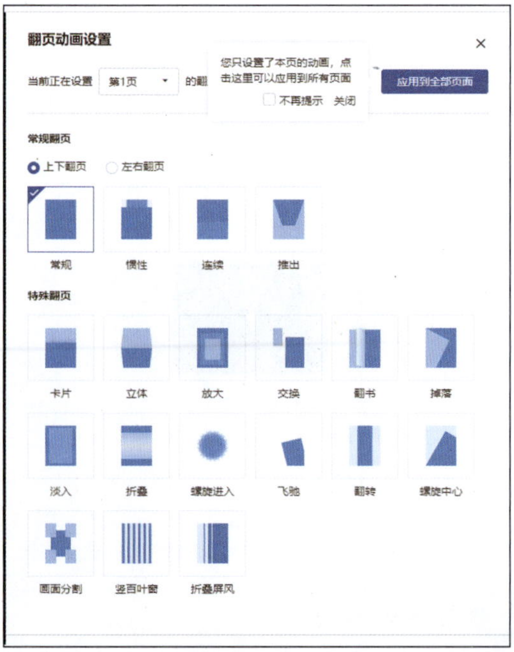

图 6-5

进入动画： 经常会用到向左、向右、向上、向下移入，放大、缩小进入，翻开、翻滚进入等，我们可以根据自身需要设置相应的动画类型。值得注意的是，有些动画属于常规的商务动画类型；有些动画属于卡通可爱类型，需要用到弹入、魔幻、旋转等，这些动画相对来说趣味性更强。

强调动画： 从字面意义来看，强调动画起着强调的作用，比如对于一些关键的文字、图片，我们需要用强调动画来加深用户的印象，如图 6-6 所示。一般情况下，使用到的强调动画属于二次动画。

退出动画： 为元素添加进入动画以后，如果我们只需要展示一下动画的效果，提高该作品的趣味性和互动性，就可以给元素添加退出动画，如图 6-7 所示。添加完成以后，我们在前端是看不到该元素的，只能在编辑器中看到该元素。使用退出动画，能够提高作品的高级感和互动性。

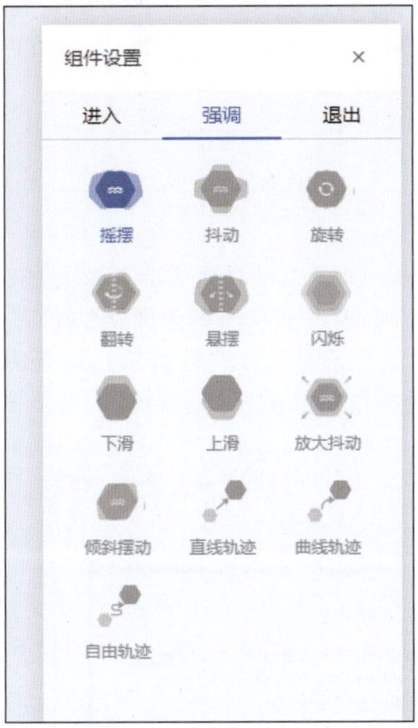

图 6-6

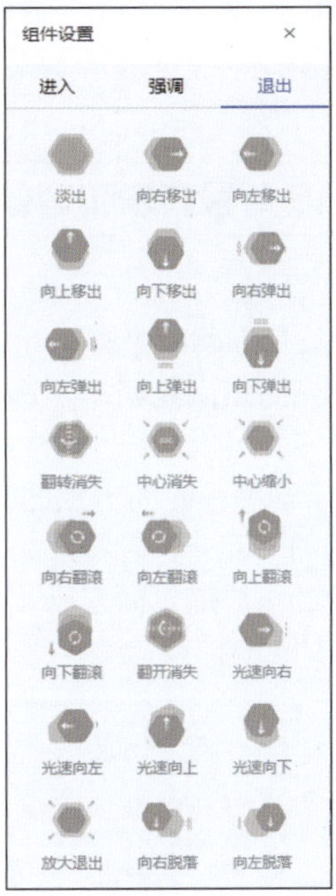

图 6-7

2. 视频制作工具

专业的视频制作工具包括 After Effects、Premiere、会声会影，如图 6-8 所示。

After Effects： After Effects（简称 AE）是由 Adobe 公司推出的一款图形视频处理软件，主要用来创建动态图像和视觉特效，是一款功能丰富、有明确定位的非线性编辑软件。AE 凭借与其他 Adobe 软件无与伦比的紧密集成和高度灵活的 2D 和 3D 合成，以及数百种预设的效果和动画，广泛应用于影视后期、影视特效、广告宣传、栏目包装及 UI 设计、电商设计等领域。

图 6-8

AE 比较擅长的是对较短内容进行特效处理和后期合成，比如制作 UI 动画效果、MG 动画，或者针对特定元素制作更加视觉化的效果。

Premiere： Premiere（简称 Pr）由 Adobe 公司开发的一款常用的视频编辑软件。Pr 可以在各种平台上和硬件配合使用，广泛应用于电视制作、广告制作、电影剪辑等领域，是 Windows 和 mac OS 操作系统上应用较为广泛的视频编辑软件之一。

会声会影： 会声会影是加拿大 Corel 公司制作的一款功能强大的视频编辑软件，正版英文名为 Corel VideoStudio，具有图像抓取和编修功能，可以转换 MV、DV、V8、TV 和实时记录抓取画面文件，提供了超过 100 种的编制功能与效果，可导出多种常见的视频格式，甚至可以直接制作

DVD（Digital Versatile Disc，数字通用光碟）和 VCD（Video Compact Disc，小型影碟）。

常用的视频剪辑工具包括剪映、Final Cut Pro、达芬奇剪辑，如图 6-9 所示。

图 6-9

剪映：一款全能易用的桌面端剪辑软件，有电脑（含平板电脑）和手机版本，剪辑功能全面，配乐、变速、加字幕等可一键完成，适合新手入门。

Final Cut Pro：苹果电脑必备的剪辑软件，具有先进的调色功能、HDR（High Data Rate，高数据通率）视频支持，且支持 ProRes RAW，让剪辑、音轨、图形特效整片输出，一气呵成。

达芬奇剪辑：一款集剪辑、调色、特效制作、音频处理等于一体的视频处理软件，广泛应用于电影、电视剧、广告等影视影音及调色制作中，具有强大的兼容性、超快的处理速度及高音质的画面。

6.1.4 H5 背景音乐和音效设计

1. 背景音乐

在易企秀里，H5 的背景音乐可以是自己上传的，也可以是易企秀音乐库里的，如图 6-10 所示。对于不同类的 H5，我们需要选择不同的音乐。比如对于炫酷鎏金风格的 H5，我们需要用震撼一点的音乐；对于清新文艺风格的 H5，我们需要用舒缓一点的轻音乐；对于时尚炫彩风格的 H5，我们需要用动感、时尚一点的音乐。大家要根据自身的需要挑选合适的背景音乐。背景音乐是 H5 不可分割的一部分，起着至关重要的作用。

易企秀 H5 还可添加页面音乐（比如用户翻到作品某一页的时候，会播放我们设置好的页面音乐），如图 6-11 所示。

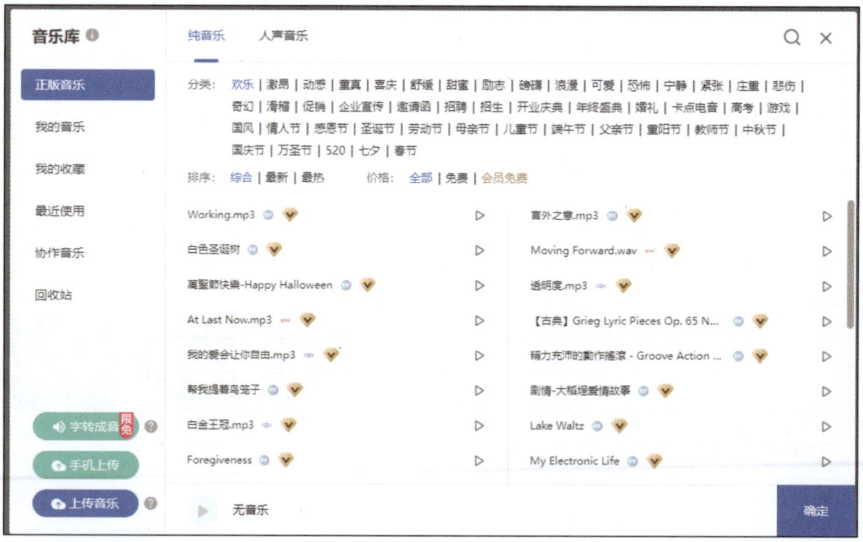

图 6-10

图 6-11

2. 音效

音效可应用于互动模板制作中，比如在 H5 中设置一个按钮，当用户点击该按钮的时候，会播放一个时间很短的音效。在易企秀编辑器里，我们选择组件里的音效，就会自动添加一个按钮，然后可根据作品风格自行设计按钮或者修改按钮的颜色及样式等，如图 6-12 所示。单击自定义里的“添加音效”按钮，直接进入“音乐库”对话框，可以自己上传音效，也可以裁切音乐库里的音乐用作音效。

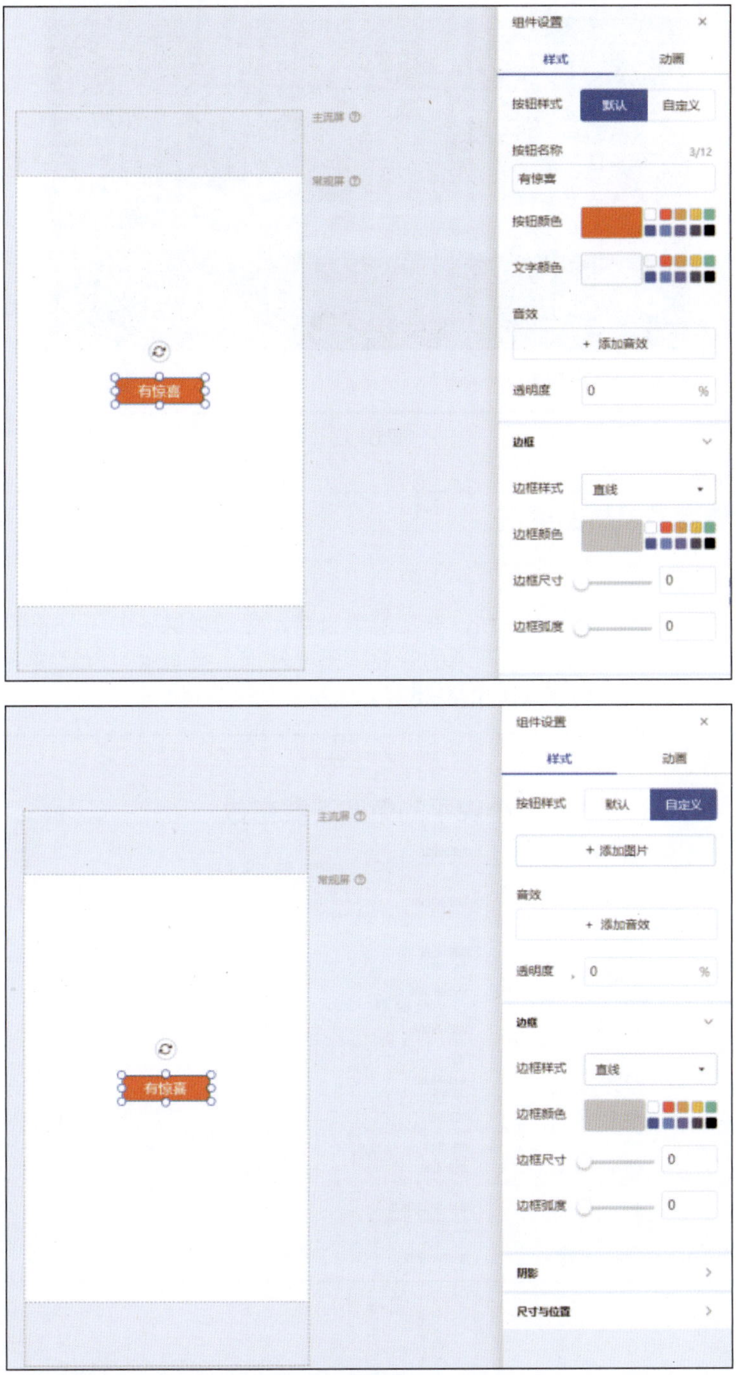

图 6-12

6.1.5 音乐素材的搜集与编辑

音乐可用我们平时听过的、收藏的音乐，也可以去各大素材网站寻找适用于作品的音乐，考虑到版权问题，最好使用易企秀音乐库里的音乐。选择好音乐以后，如果不需要整段音乐，就可以直接在易企秀编辑器里进行裁切，如图 6-13 所示。

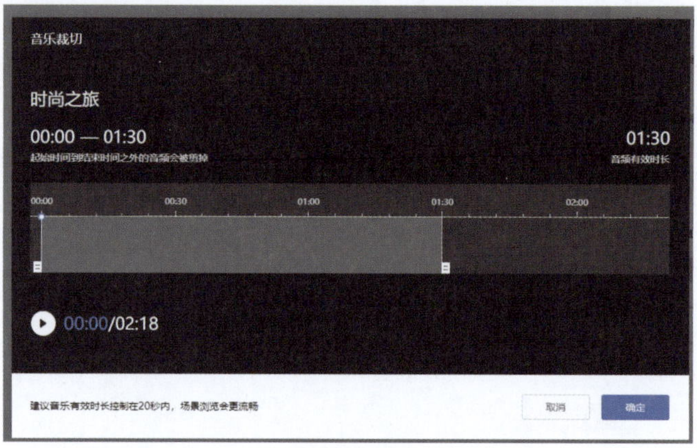

图 6-13

6.1.6 搜集音效素材的渠道

1. 小森平

小森平音效网是一个无损音乐网站，非常简单直接，免费提供各种可下载的音效。网站创建者是一位来自日本的音效制作者。该网站的音效不需要注册、登录就可以直接下载，分类清晰明了，用户可以根据自身的需要选择对应的分类音效素材，如图 6-14 所示。

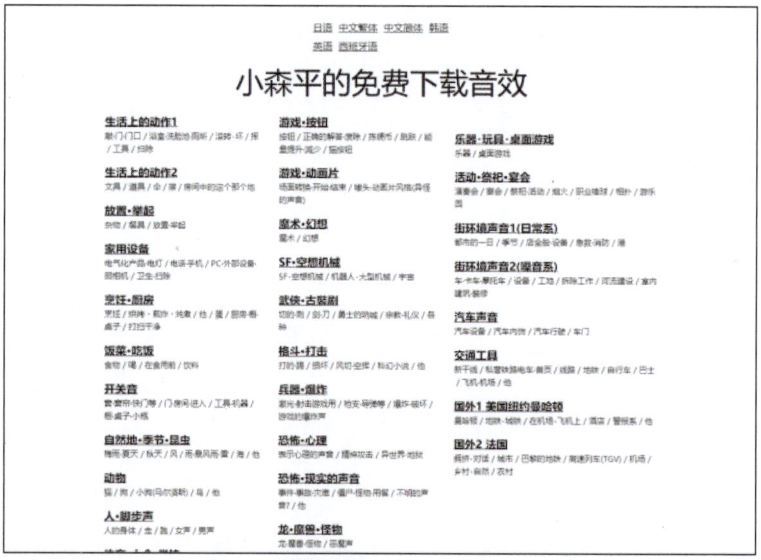

图 6-14

2. 站长素材

站长素材网站提供很多分类素材，用户直接单击音效素材对应的“免费下载”即可下载音效，然后根据风格、情绪、场景进行选择，如图 6-15 所示。

3. 爱给网

爱给网提供丰富的音效素材，包含各种音效素材类型，比如游戏音效、人类声音、动物声音、环境声音、日常生活等，如图 6-16 所示。

4. 淘声网

淘声网是一个全球免费的声音素材网站，如图 6-17 所示。它把很多平台免费的资源整合在一起，音效素材非常丰富，其缺点是下载音效要跳转到不同的网站。

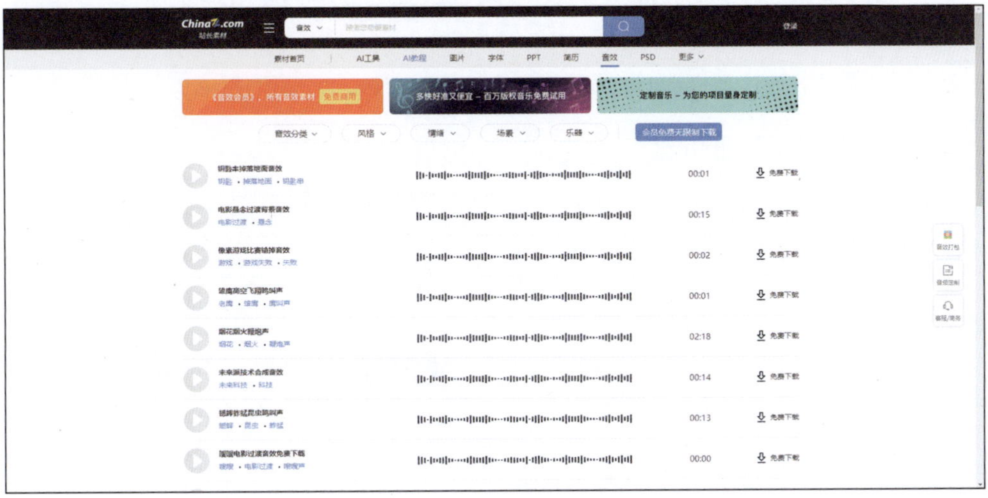

图 6–15

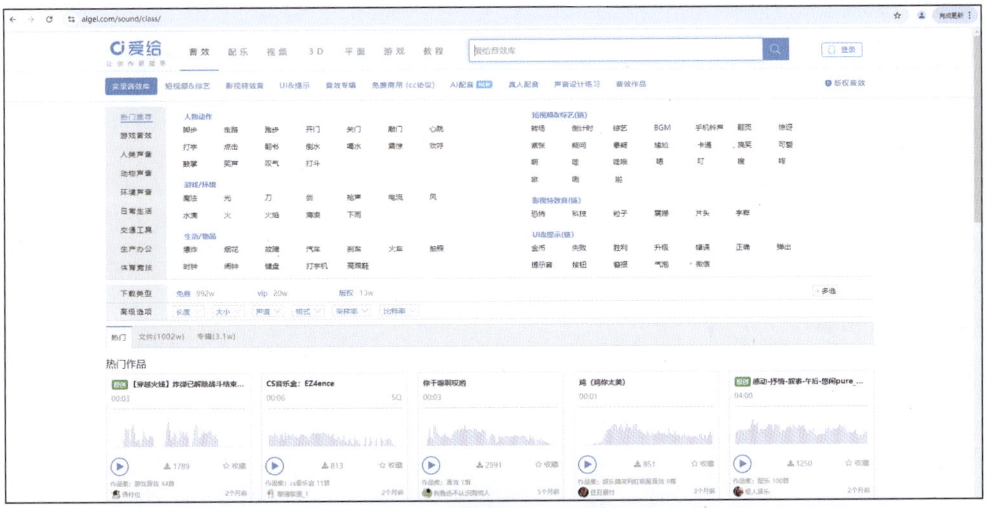

图 6–16

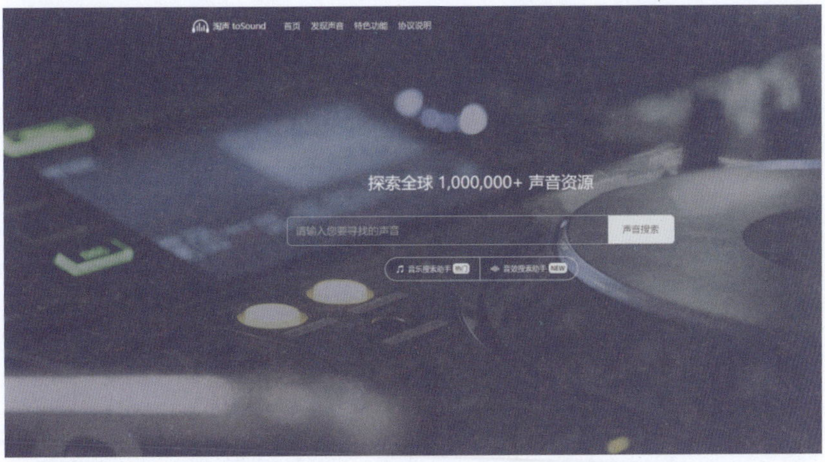

图 6–17

6.2 动效设计：打造 H5 页面交互体验感

本节介绍利用动效设计来打造 H5 页面交互体验感的方法。

6.2.1 优化 H5 页面动画

在制作 H5 时，要把握好图层的前后关系。对于底层的素材的动画，我们在设置的时候要使其优先进入；对于顶层的素材的动画，我们要按照图层的前后关系循序渐进地设置，切记不要让素材一窝蜂地直接进入，那样会导致画面混乱，容易喧宾夺主。要实现正确的效果，我们只需要设置素材动画的延迟时间即可，如图 6-18 所示。

读者可根据自身的制作习惯去设置素材动画的时间，笔者一般直接设置为 1，如果想要使素材缓慢地进入画面中，可以设置为 2 或 1.5 等。

对于次数的设置，大多数元素会直接默认为 1 次，如果需要强调该元素，用户可以根据自身的设计情况去设置动画次数和是否循环播放等。

图 6-18

6.2.2 翻页动画

H5 由一个一个的页面组成，所以会涉及翻页动画。在易企秀里，翻页动画是多样的，我们可以根据实际情况为每一页设置一样的翻页动画，或者设置不一样的翻页动画。翻页动画设置界面如图 6-19 所示。

图 6-19

翻页动画分为常规翻页和特殊翻页。常规翻页动画可分为上下翻页和左右翻页，常用的是上下翻页。特殊翻页动画比较有艺术感，读者可以去尝试使用这种动画。对于特定行业的 H5，或一些艺术类、卡通类 H5，我们会用到特殊翻页动画。

6.2.3 页面元素动画

页面元素动画是为 H5 的每一页的每个元素都加上特定的动作方式，可以根据页面的整体元素的动画风格和单个元素的独特风格依次设置元素的动画。

易企秀 H5 的动画分为进入动画、强调动画、退出动画，如图 6-20 所示。

进入动画是每个元素进入页面时的动画，可以设置元素的动画时间、延迟时间、动画次数等。

从字面意思来看，强调动画的作用是强调该元素。当我们认为某个元素相对比较重要的时候，可以为该元素设置一个二次强调动画。这里值得注意的是，强调动画包含几个轨迹动画：直线轨迹、曲线轨迹、自由轨迹。我们在设置轨迹动画时，需要手动绘制代表动画轨迹的线条，如图 6-21 所示。

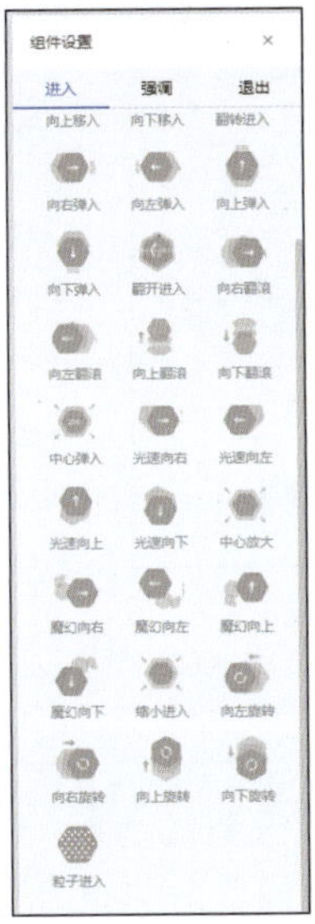

图 6-20

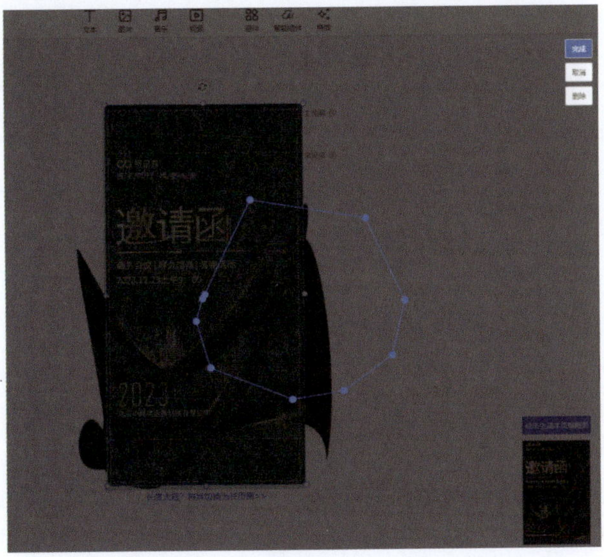

图 6-21

如果某个元素进入画面中，但我们不想让它长期停留在该页面，就可以给它设置一个退出动画。被设置了退出动画的元素在前端展示的时候不会呈现，但是在易企秀的编辑器里会显示，所以在制作的时候，我们一定要确定这个被设置了退出动画的元素，以免页面出错，如图 6-22 所示。

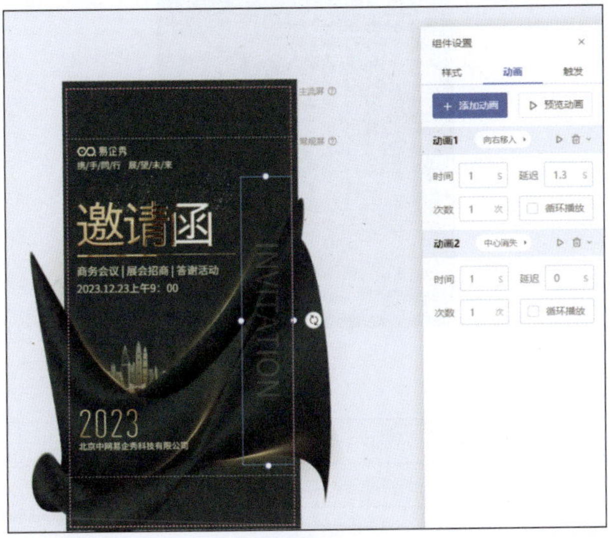

图 6-22

6.2.4 运用 GIF 动画特效打造视觉效果

我们在制作一些比较高级、炫酷的 H5 场景的时候，可能会运用到背景 GIF 动画特效，如图 6-23 所示。

背景 GIF 动画特效不仅能提升整个画面的质感和氛围感，还可增强画面的灵动性，使得画面更专业、更高级。我们在制作这个背景 GIF 动画特效的时候，可以用 PS 和 AE，也可以用易企秀素材库里的 GIF 动效背景图片。GIF 动效背景图片常应用于企业宣传、邀请函、招聘广告等中。制作完成后，上传背景图片，单击“背景应用于所有页面”按钮即可将该背景图片应用于整个 H5，如图 6-24 所示。

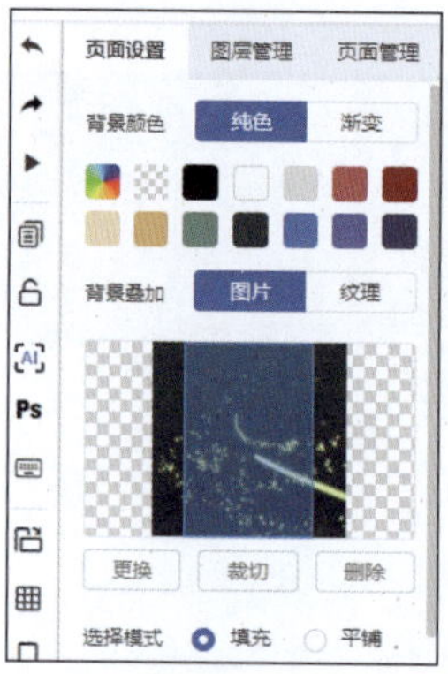

图 6-23

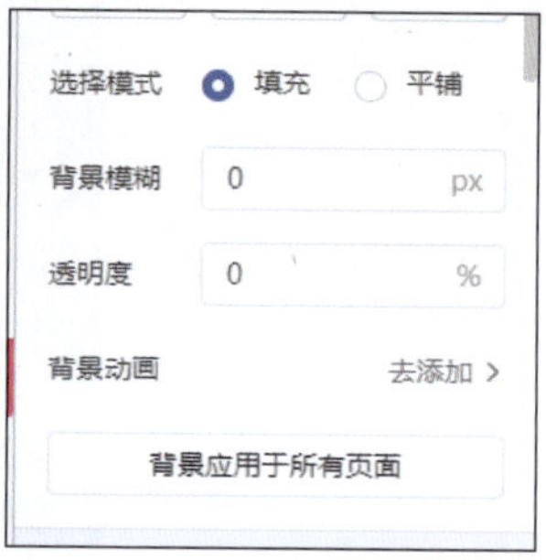

图 6-24

6.2.5 实战案例：使用易企秀制作 H5 动效页面

本案例根据本节介绍的动画内容，制作邀请函首页动效页面，内含各种元素的动画、GIF 炫酷背景图片。本案例作品的风格是大气商务绿金鎏金风格，可用于制作各类商务活动和论坛峰会的邀请函，如图 6-25 所示。

图 6-25

资源位置

素材位置	素材文件 >CH06>6.2.5 实战案例：使用易企秀制作 H5 动效页面
视频位置	视频文件 >CH06>6.2.5 实战案例：使用易企秀制作 H5 动效页面 .mp4

微课视频

操作步骤

第一步　选择 GIF 动效背景图片。本案例使用的背景图片是易企秀素材库里的，我们先找到偏绿的 GIF 图片，再找到适合该作品的图片，直接选择使用即可，如图 6-26 和图 6-27 所示。

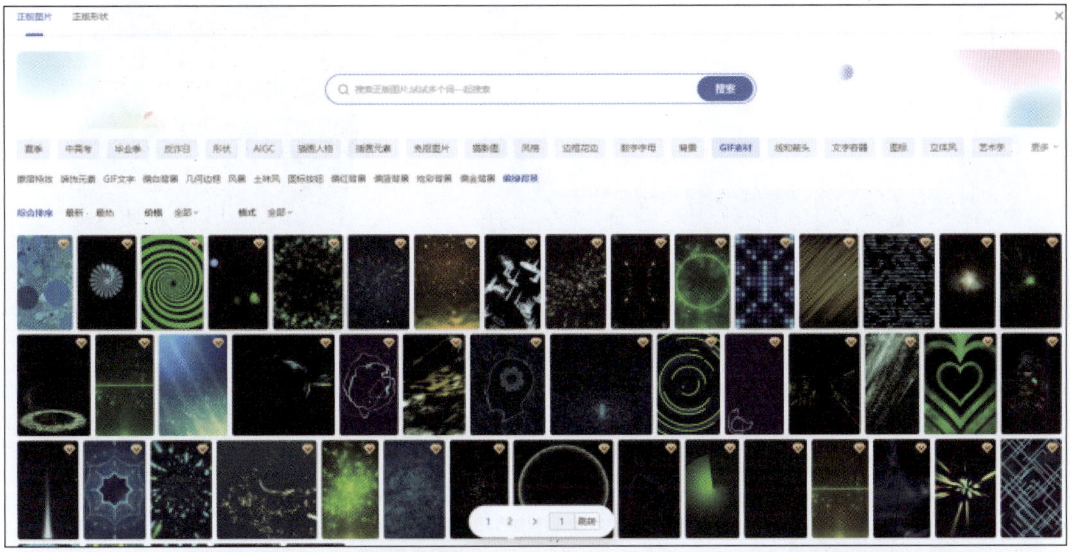

图 6-26

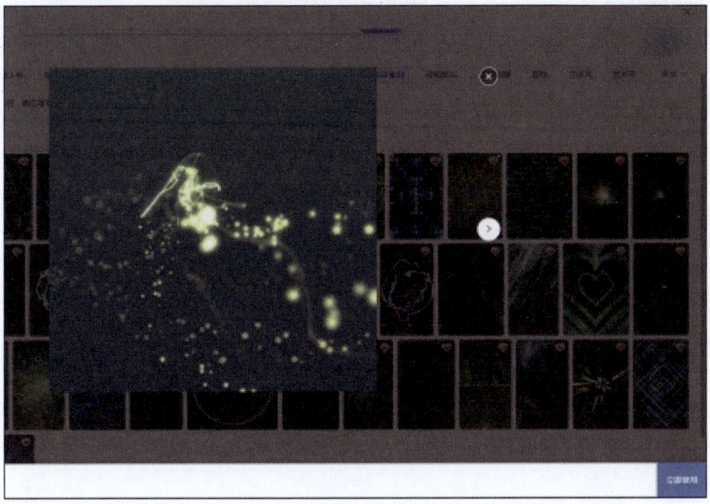

图 6-27

第二步　上传相关素材。在 PS 里制作好各类素材，对文件进行栅格化操作或合并图层，然后将 PSD 文件上传到易企秀编辑器中，进行各类元素的编辑与设置，如图 6-28 所示。

第三步　制作鎏金“邀请函”文字。我们在 PS 里制作好邀请函文字，将其保存为 PNG 格式的文件，然后打开 AE，制作鎏金的邀请函文字图片，接着上传制作好的图片到易企秀编辑器中，并将图片放到合适的位置，如图 6-29 所示。

第四步　制作邀请函相关内容。我们对邀请函的主要内容（比如主题、时间、地址、公司名称、一些装饰性元素等）进行排版，如图 6-30 所示。

第五步　设置元素动画。为排版好的元素及文字设置动画，为背景、素材、主题等设置分层次的动画，并设置它们对应的延迟时间，如图 6-31 所示。

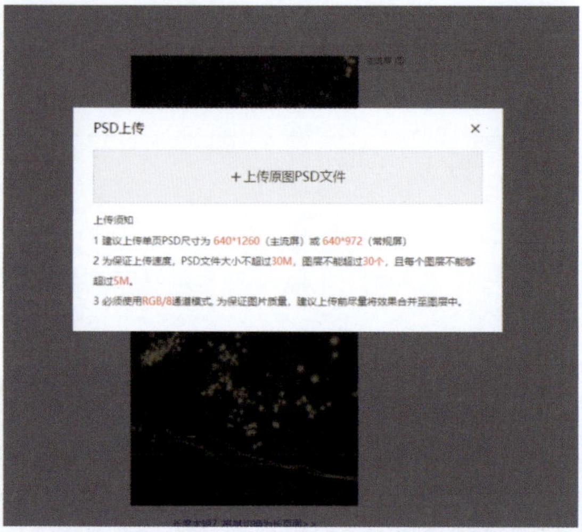

图 6-28

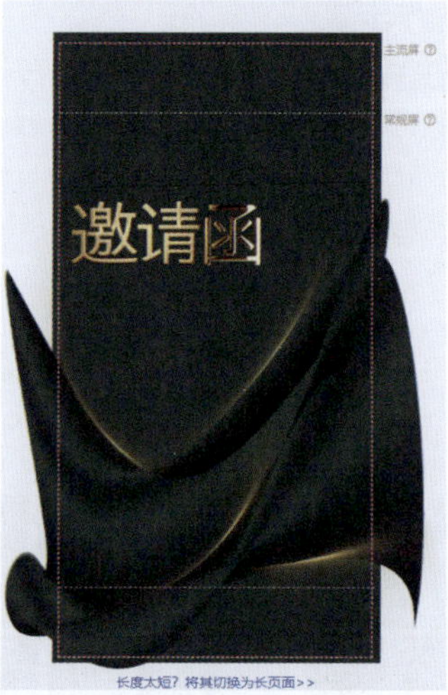

图 6-29

图 6-30

图 6-31

6.3 高级互动组件：打造炫酷 H5

本节介绍利用高级互动组件来打造炫酷 H5 的方法。

6.3.1 运用一镜到底、快闪功能

1. 一镜到底

一镜到底是易企秀的一个高级组件，应用广泛。我们新建一个页面，选择组件里的一镜到底。打开此组件后，默认会添加 3 个页面（不能少于 3 页）。我们可以根据实际情况增加页面，如图 6-32 所示。

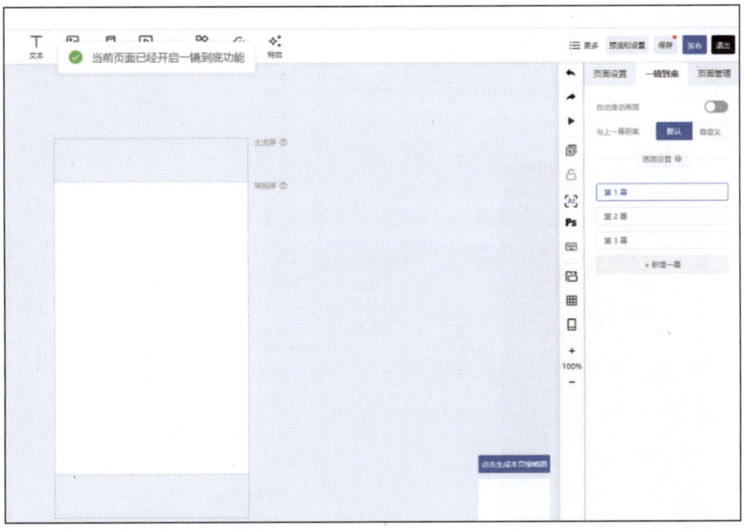

图 6-32

在易企秀 H5 中，使用一镜到底组件可以提升整个 H5 的互动感，让用户浏览到此页面时会深陷 H5 的场景当中。一镜到底页面的视觉冲击力极强，制作好的一镜到底页面，能让用户一眼看到最后一个页面的内容，提升整体的视觉质感，如图 6-33 所示。

图 6-33

在制作一镜到底页面时，应该注意页面不宜过多、元素不宜过多，最好不要使用动效图，从而避免用户在用手机打开 H5 的时候出现卡顿的现象，导致一镜到底页面无法正常播放。

2. 快闪

快闪页面的应用更为广泛，几乎每一页 H5 都带有一些快闪页面。快闪页面可以设置为快速播放的动画效果，也可以用切换比较缓慢的方式呈现。

选择快闪组件，默认会添加 3 页（不能少于 3 页），我们可根据需要增加页面，如图 6-34 所示。

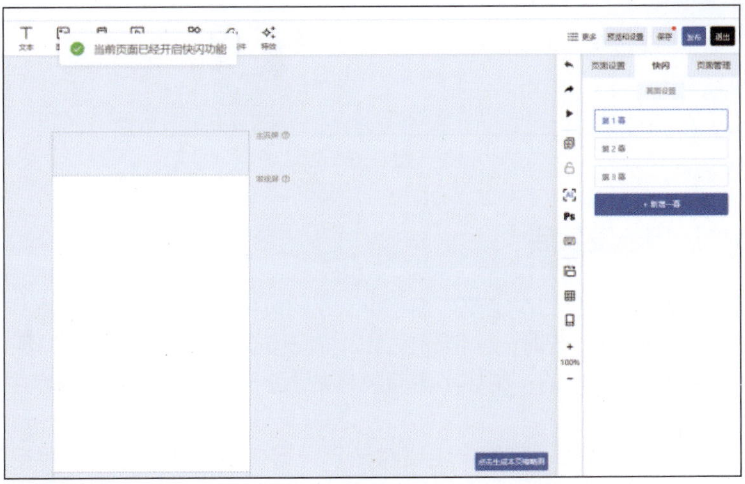

图 6-34

在 H5 中，可以添加纯文字的快闪内容，也可以添加以图文方式呈现的快闪内容。当然，我们应该根据你所制作的作品的属性去选择合适的快闪内容，如图 6-35 和图 6-36 所示。

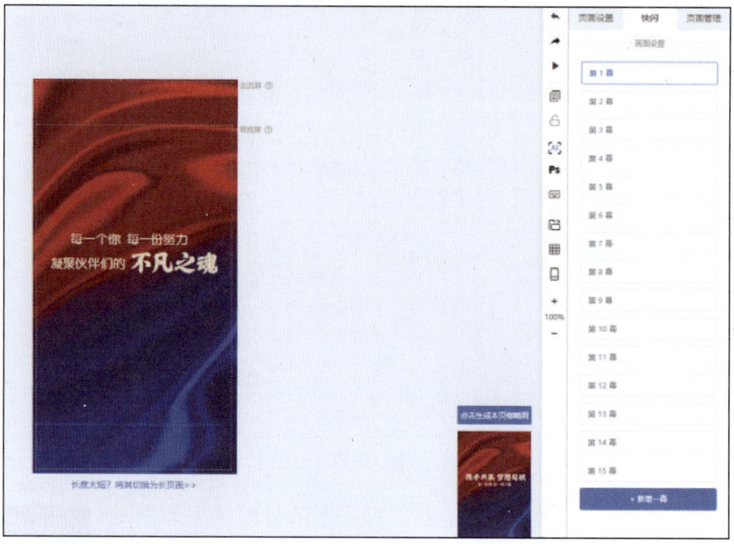

图 6-35

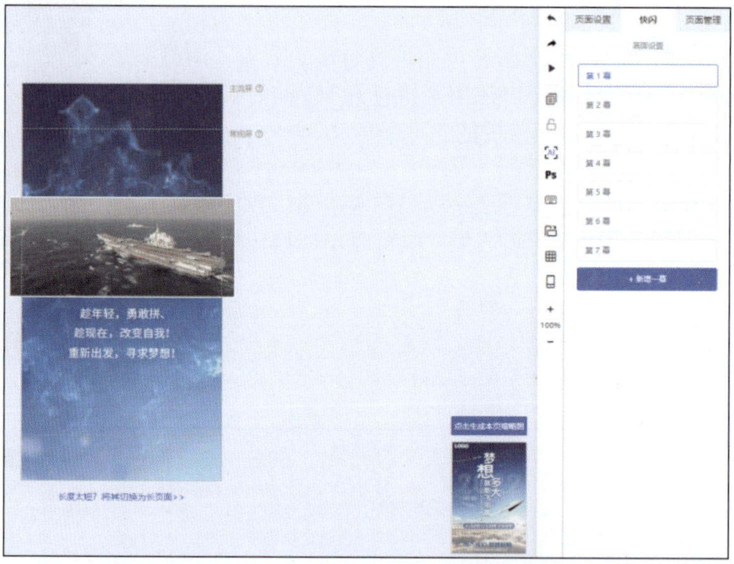

图 6-36

6.3.2 怎样运用一镜到底

在运用一镜到底的时候，我们一定要根据整个 H5 的风格去选择适当的元素作为一镜到底的辅助内容。比如，制作中国风的 H5 时，一镜到底的内容应该是中国风；制作炫酷纯背景版的 H5 时，一镜到底的内容应该是比较简单的；制作小清新风格的 H5 时，一镜到底的内容中应该选择小清新的元素，如图 6-37 所示。

在制作一镜到底元素的时候，我们一定要对元素进行镂空处理，并注意镂空的位置一定要在视觉中心，否则在播放的时候就没有一镜到底的视觉效果了，如图 6-38 所示。

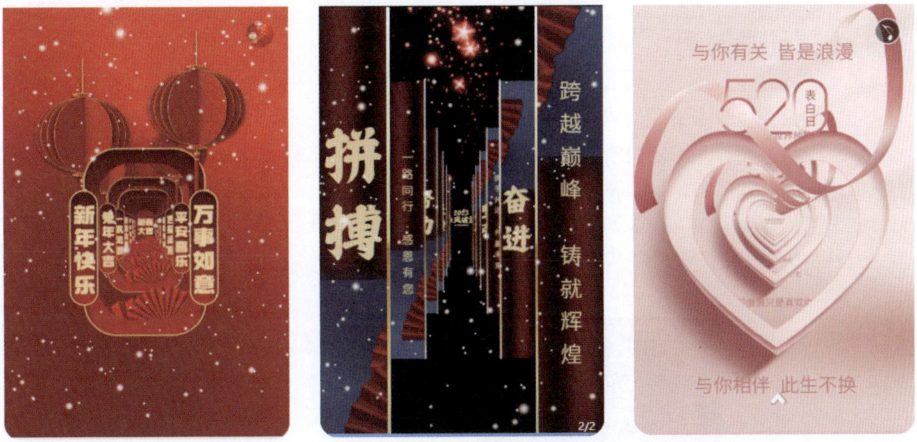

图 6-37

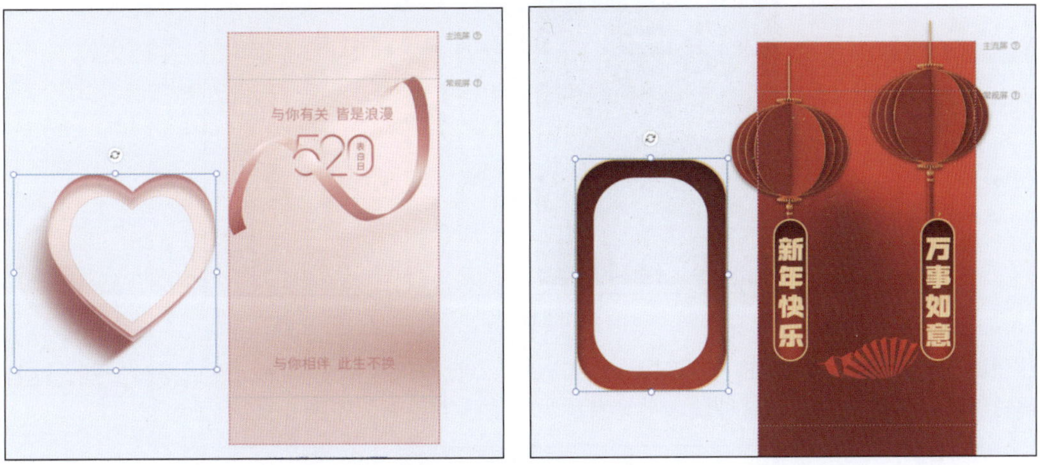

图 6-38

在制作一镜到底的最后一页时，其内容相较于前面页面的内容要有所变化，应该设置为该一镜到底页面最终想要展示的主要内容，如图 6-39 所示。

图 6-39

6.3.3 设置动画时间

对于快闪时间，我们可以设置得长一些，让元素动画慢一点。当然，这主要适用于页面包含的文字较多的情况，元素动画慢才能让用户清楚地看到每一个快闪页面中的文字，这种快闪被笔者称为慢动画类快闪，如图 6-40 所示。

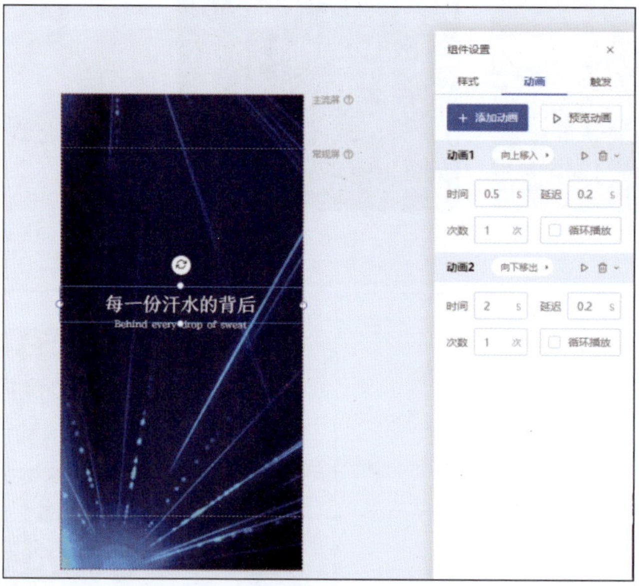

图 6-40

如果文字较少且需要实现让人震撼的快闪效果，我们可以把动画时间设置得短一些，这样页面跳转的速度相应会加快，这种快闪被笔者称为快动画类快闪，如图 6-41 所示。

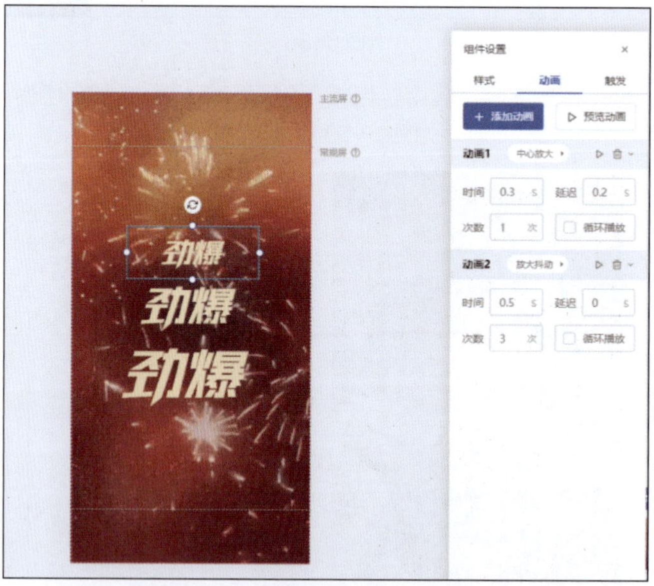

图 6-41

从图 6-40 和图 6-41 中可以看到，笔者在制作快闪页面时，都设置了二次动画，即一个进入动画和一个退出动画。这样做是为了让快闪页面具有动作上的连贯性。为了避免动画没显示完就跳转到下一页，我们可以在空白页面增加一个在前端看不见的元素，给它设置一个具有一定延迟时间的动画，这样我们设置的快闪动画内容就能清楚地呈现在前端，如图 6-42 所示。

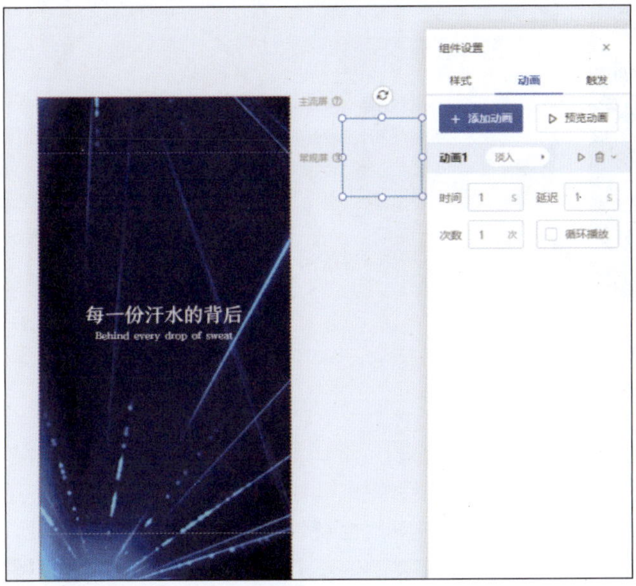

图 6-42

6.3.4 运用智能组件

我们可以在商店开业、活动宣传、婚礼邀请函、活动促销、节日祝福等 H5 场景用上红包和打赏功能，如图 6-43 所示。

图 6-43

我们可以在邀请函、企业宣传、招聘、培训招生等 H5 场景用上立体魔方、实时对话等功能，如图 6-44 所示。

我们可以在活动促销、活动宣传等 H5 场景用上抽奖功能，如图 6-45 所示。

图 6-44

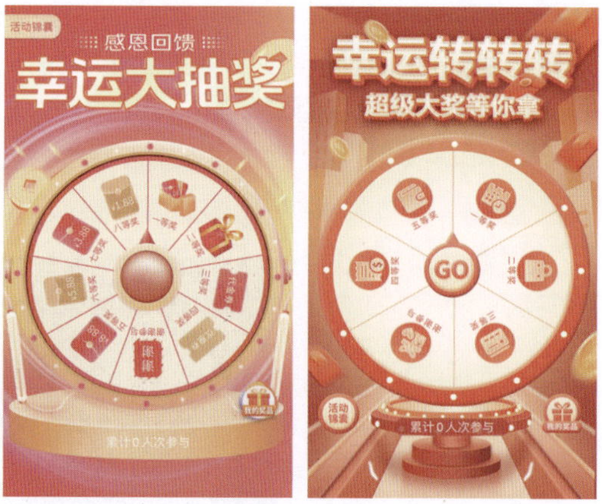

图 6-45

6.3.5 添加特效

在一些 H5 场景中，我们经常可以看到从页面上方飘落下来的元宝、雪花、花瓣等特效，这些是飘落物特效。飘落物特效可以在易企秀编辑器内设置，飘落物图片可以直接使用易企秀官方提供的，也可以自定义，如图 6-46 所示。飘落物特效的应用效果如图 6-47 所示。

图 6-46

图 6-47

其余的涂抹、指纹、渐变、重力感应、砸玻璃特效是页面入场特效。设置了这些特效以后，根据提示进行对应操作，才能开始播放作品的内容，如图 6-48 所示。

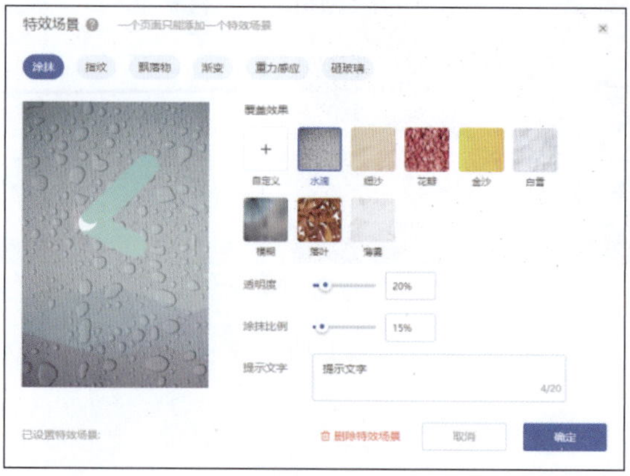

图 6-48

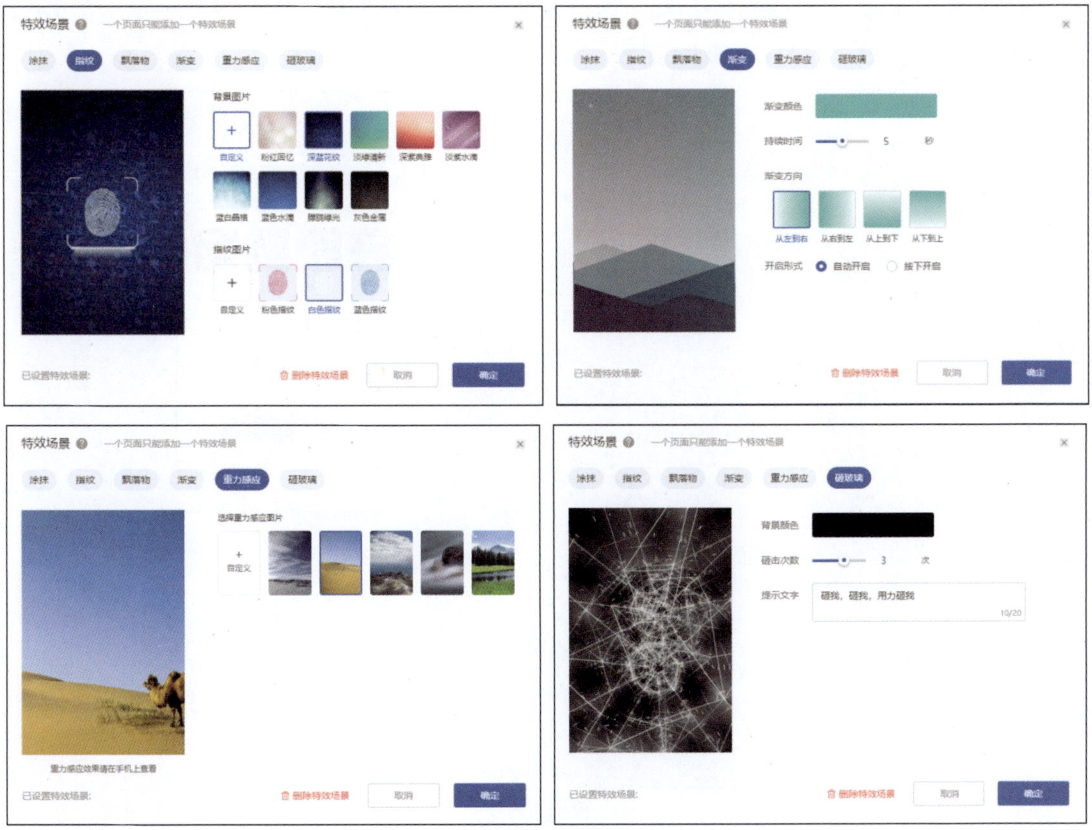

图 6-48（续）

6.3.6 运用弹幕

在易企秀中，弹幕是留言板的一种形式。当用户浏览到设置了弹幕组件的页面时，就可以点击小笔在留言板中留下想说的话，如图 6-49 所示。这个组件可以很好地增加 H5 与用户或客户之间的互动，应用广泛。

图 6-49

要设置弹幕组件，可以先在编辑器组件里选择弹幕，然后设置好弹幕的颜色等，再将弹幕组件放到合适的位置，如图 6-50 所示。

图 6-50

6.3.7 运用触发功能

触发功能是易企秀中一个重要的互动功能，大家只要能够熟练掌握该功能的运用方法，制作各类互动性 H5 都不在话下。

我们来看一个运用触发功能的案例，它是一个公司的微官网。

本案例采用蓝绿色简约商务风格，大气耐看，适用于物业公司、互联网公司、商业公司等所用的手机版微官网。整个 H5 运用易企秀内链触发功能设计，让用户一点击按钮就直接跳转到相应的页面。本案例效果如图 6-51 所示。

图 6-51

图 6-51（续）

1. 第 1 页：首页设计

我们可以使用易企秀 H5 编辑器查看本案例作品，如图 6-52 所示。

图 6-52

首页设计至关重要。在拿到公司的图文内容以后，我们要先对需制作的 H5 进行大体的构思，确定好客户的需求及其喜欢的风格，再开始制作首页。在 PS 里设计好相关页面，栅格化文件或合并图层后将 PSD 文件上传到易企秀编辑器内，添加动画并替换文字。

本案例作品的首页运用了图集功能常规风格，滚动播放公司的宣传图片，让 H5 首页与公司的官网都具有灵动性。

宣传图片下面是各个页面对应的按钮，用户在浏览的时候点击想要查看的内容页面对应的按钮，就可以直接跳转到对应的页面，如图 6-53 所示。这种呈现方式简单易懂，能够让用户一目了然。

在制作此类模板时，最好为每一个页面命名，以便我们在添加内链的时候查找对应的页面，从而使每一个按钮设置的内链触发的都是对应的页面。

图 6-53

2. 第 2 页：公司简介

考虑到客户公司的公司简介中包含较多文字内容，我们运用了长页面的设计来制作公司简介页面。页面中有一个类似手指向上滑动的素材，这是为了提示大家下面还有内容，可以向上滑动页面继续浏览。当我们向上滑动的时候，蓝绿色块没有动，而是直接整个篇幅滑上去，这样让页面衔接得更好，整体性更强，如图 6-54 所示。

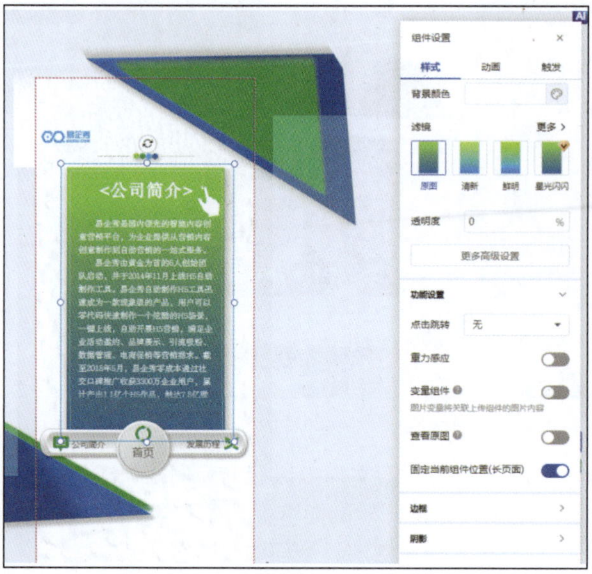

图 6-54

3. 第 3 页：合作伙伴及主要管理项目

第 3 页的制作跟第 2 页的制作有异曲同工之处。因为合作的公司比较多，所以我们只有运用长页面的设计，才能达到把客户的内容在同一页面中全部展示的效果，如图 6-55 所示。

图 6-55

4. 第 4 页：领导关怀

第 4 页是一个普通的 H5 页面。该页面最巧妙之处体现在动画设计上。在动画设计上，先放大底纹，然后让图片有序地淡入页面中。整体页面排版工整，动画有型。动画设计如图 6-56 和图 6-57 所示。

5. 第 5 页：专业化的工程管理

第 5 页的整体功能是图片展示。H5 是在手机上浏览的，手机的屏幕不大，为了让用户清楚地看到每一张图片，这一页运用了轮播图组件。这一页还使用了手指向左滑动的动画，目的是提醒用户可以用手指向左滑动来查看每一张图片，如图 6-58 所示。

图 6-56

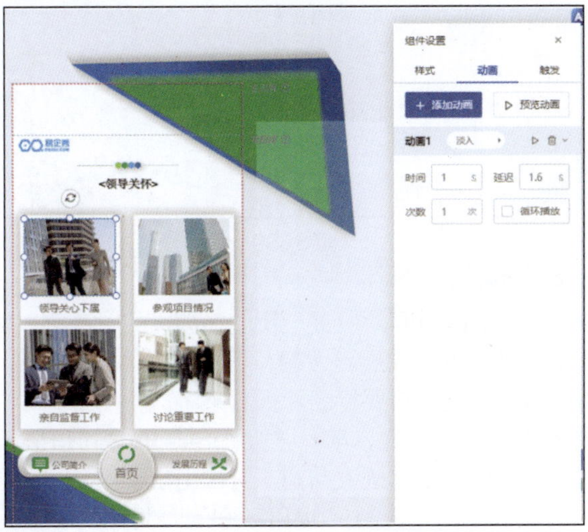

图 6-57

图 6-58

6. 第 6 页：公司荣誉证书

第 6 页用于展示公司荣誉证书图片。荣誉证书图片不可裁切，也不可变形。由于每个证书的图片形状不同，我们需要认真排版，通过排布整齐的荣誉证书图片，给用户以可靠感。页面中的每一张图片的动画设计都需要做到层层递进、不拖沓，如图 6-59 所示。

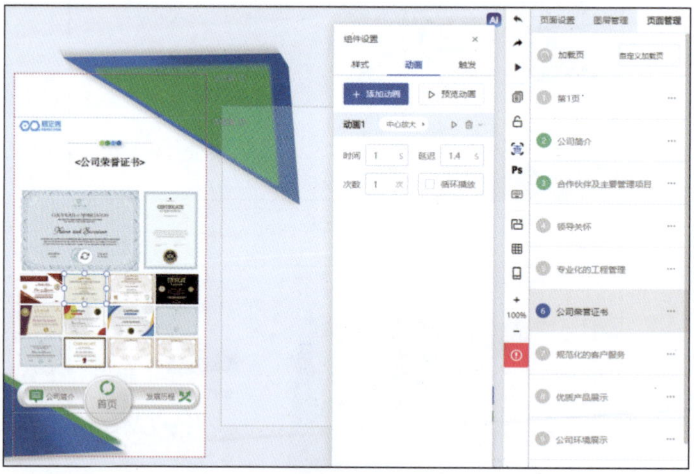

图 6-59

7. 第 7 页：规范化的客户服务

第 7 页的核心设计在于图片动画时间的设置。我们在浏览的时候可以发现，每一张图片的出现时间及消失时间都设置得很巧妙，先依次展示大图，再出现整体页面的小图，如图 6-60 所示。然而，编辑器内的图片显得很杂乱，我们需要将图片拆开来看。

首先，我们来看一看大图的动画设置。第一张大图出现的时间是依据页面其他素材的动画时间来设置的。图片使用了 2 次动画，一次进入动画，一次退出动画。

进入动画的时间是 2s，延迟时间是 1.5s；退出动画的时间是 1s，延迟时间是 0.5s。设置动画的延迟时间是为了方便用户更好地浏览这张图片，如图 6-61 所示。

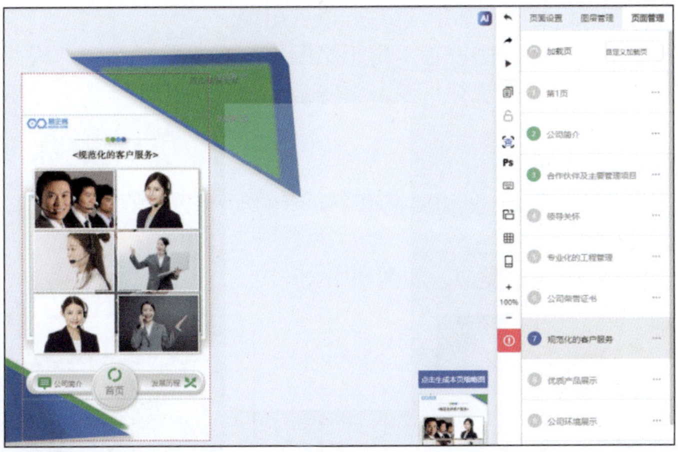

图 6-60

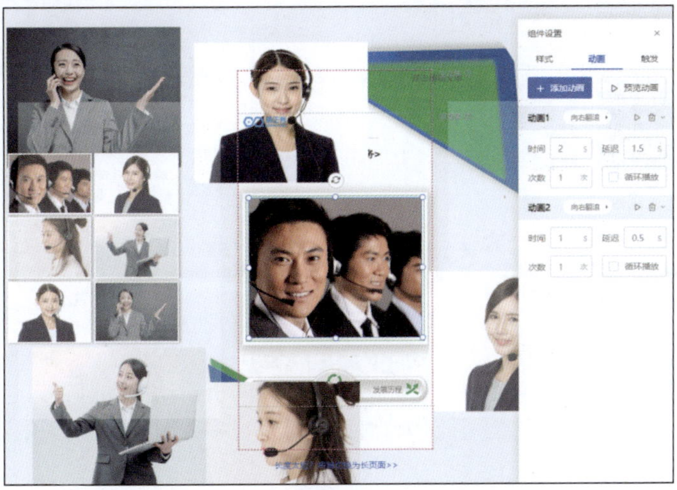

图 6-61

其次，我们来看一看第二张大图的动画设置。第二张大图的动画效果与第一张大图的动画效果是一样的，但是在时间上是不同的，要等第一张大图完全从页面上消失以后，第二张大图才会无缝衔接地出现。第二张大图的进入动画比第一张大图的进入动画延迟了 3s，退出动画不变，如图 6-62 所示。

图 6-62

其他大图的动画设置以此类推，都是延迟 3s 以后出现。

最后，我们来看一看小图的动画设置。由于小图展示后不需要消失，因此我们只需要为它设置进入动画，动画时间根据以上的规律推断。要等最后一张大图完全消失以后，小图才会紧跟着依次出现。

8. 第 8 页：优质产品展示

第 8 页是一个普通的 H5 页面，只需要把每个元素的动画设置好即可，如图 6-63 所示。

9. 第 9 页：公司环境展示

第 9 页的设置同第 8 页的设置类似，如图 6-64 所示。

图 6-63

图 6-64

10. 第 10 页：公司发展历程

第 10 页运用了长页面的展示风格，并且运用了手指向上滑动的动画，以起到提示的作用，如图 6-65 所示。其实，几乎所有的公司简介等相关内容都很多，大家在制作相应页面时，都可以运用这样的设计方法。

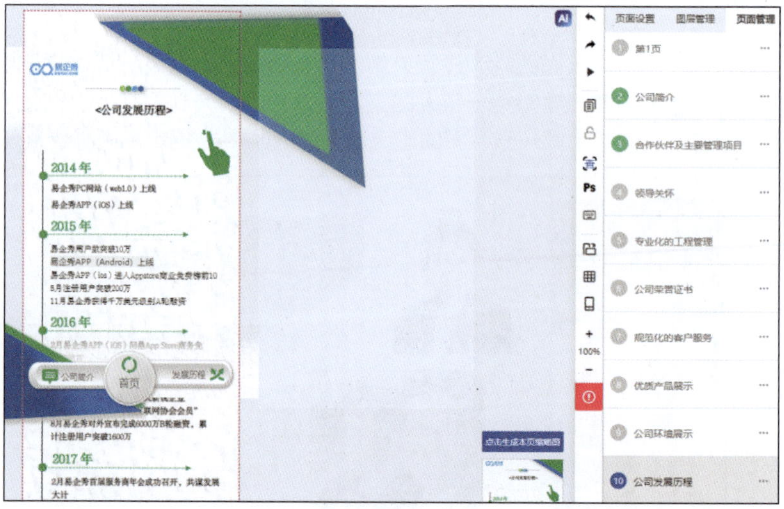

图 6-65

11. 第 11 页：公司地址及联系方式

第 11 页是每个公司都需要制作的页面。在该页面中可以放上私人的微信二维码或公司的公众号二维码。地图可以使用易企秀的地图组件设置，用户直接点击“路线”按钮就可以跳转到外链的地图应用上去，如图 6-66 所示。

图 6-66

在该页面中也可以设置一键拨打电话功能，用户直接点击“一键拨号”按钮就可以打电话，无须通过输入电话号码的方式拨号，如图 6-67 所示。

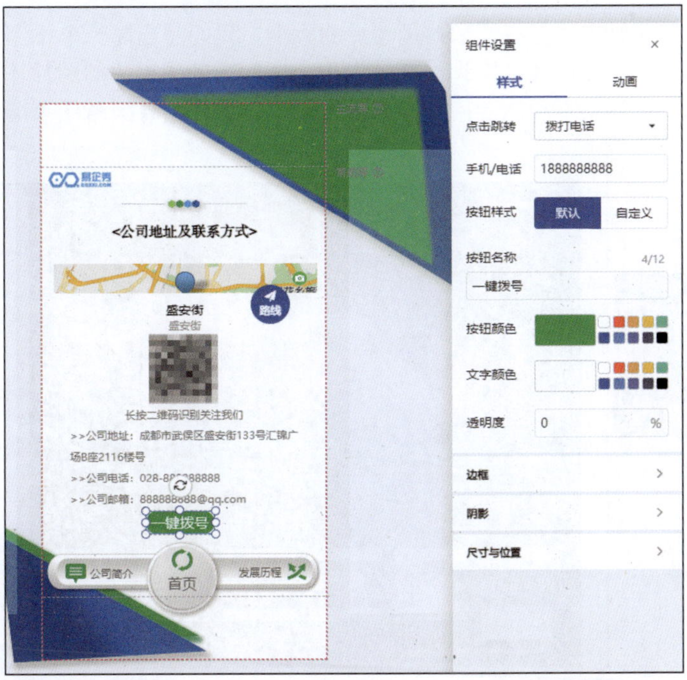

图 6-67

6.3.8 运用轮播图

在易企秀编辑器中，轮播图样式多样，用户可根据需要去选择。轮播图组件适用于所有 H5，当图片比较多的时候，就可以用到。使用轮播图展示的内容清晰明了，让用户一目了然，如图 6-68 所示。

图 6-68

在轮播图组件中，用户可以根据图片所展示的内容为它编辑文字描述，如图 6-69 所示。

在使用轮播图组件时，最值得注意的是图片的大小。我们需选择一个比例进行裁切或自定义裁剪（见图 6-70），把每张图片裁切到一样的大小，这样轮播图展示的图片才会井然有序。轮播图可以设置为类似公司网站首屏图一样的自动切换形式，运用到首页或内页图文展示中，实用性非常强。

图 6-69

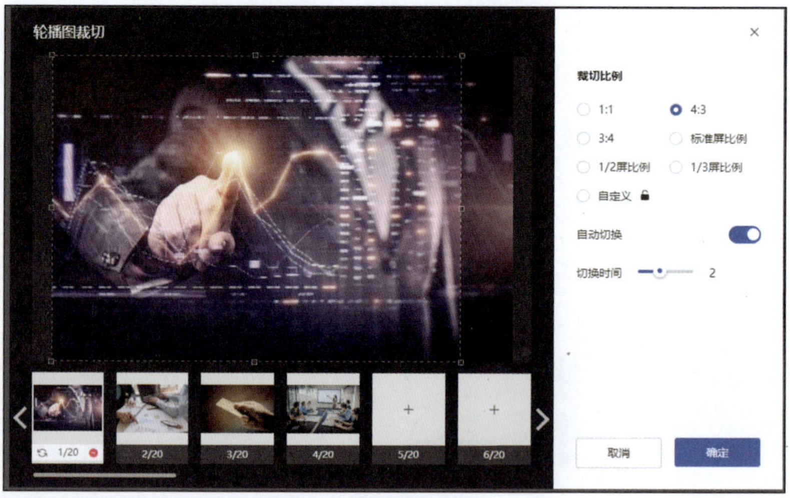

图 6-70

6.4 实战案例：制作高端创意互动 H5

本案例制作的是虎年春节的祝福贺卡，整体采用了红色喜庆鎏金风格，运用了飘落物、快闪、头像和昵称、红包、触发、音效、动效背景、鎏金大气文字、表单、二维码等功能，大气实用。音乐喜庆大气，符合新春拜年的气氛。本案例效果如图 6-71 所示。

图 6-71

资源位置

素材位置	素材文件 >CH06>6.4 实战案例：制作高端创意互动 H5
视频位置	视频文件 >CH06>6.4 实战案例：制作高端创意互动 H5.mp4

微课视频

操作步骤

第一步　上传相关素材。我们先在外部制作好所有的相关素材，上传 PSD 文件到易企秀编辑器中，然后把需要用到的 GIF 背景动效图上传并设置为背景，接着用文本功能设置好辅助文字的排版，注意主题文字也需要放到合适的位置，如图 6-72 所示。

图 6-72

第二步 添加相关动画。将封面内容所有分层的元素添加到动画中，根据图层的先后顺序设置动画的延迟时间。我们为灯笼部分设置了强调动画的轨迹动画，如图 6-73 所示。设置好所有动画以后，预览页面，如果存在不合适的动画即刻修改，如图 6-74 所示。

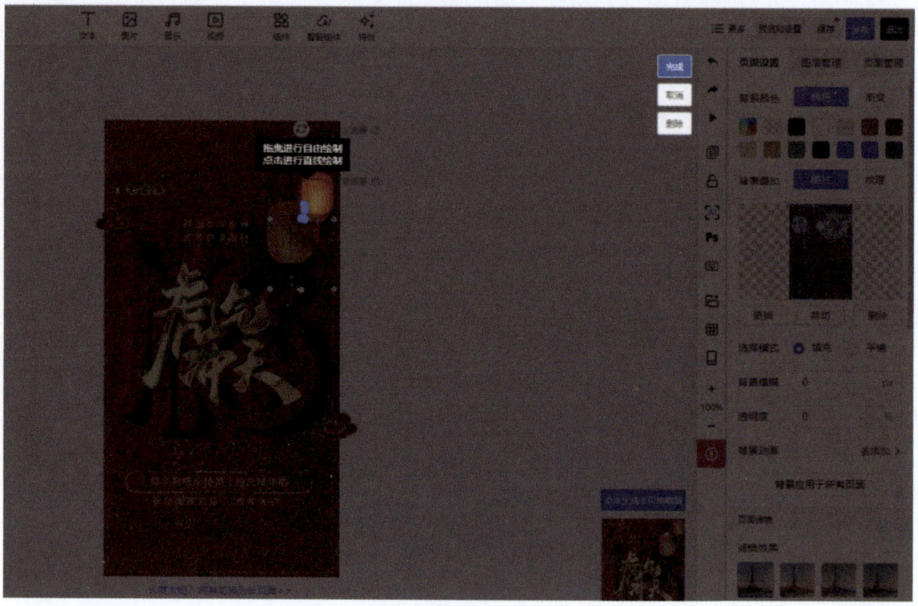

图 6-73

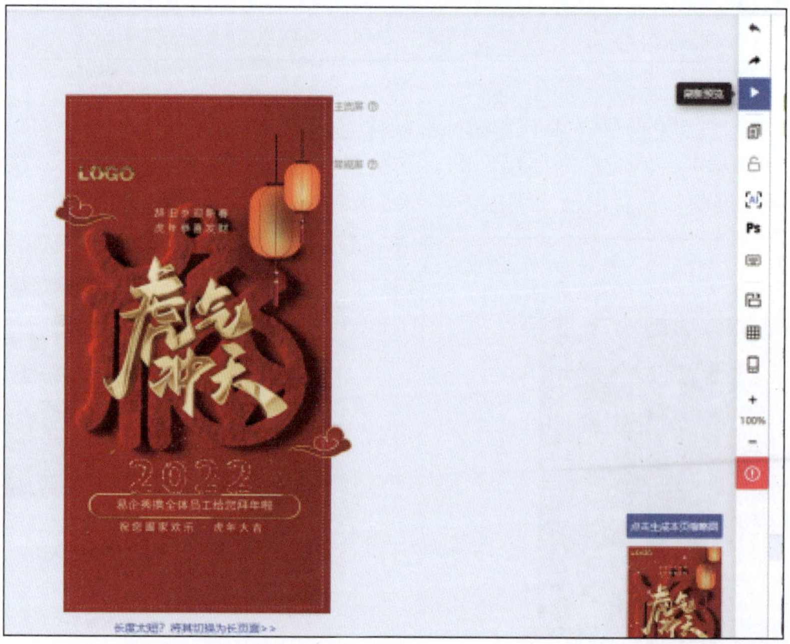

图 6-74

第三步 制作快闪页面。我们复制第一页生成第二页，并删除第二页中的全部内容。删除以后，在组件里选择快闪功能。设置好快闪页面以后，我们把提前准备好的祝福语添加到页面中，根据自己的设计思路合理设置文字的动画和播放时间，增强这个快闪页面的连贯性。快闪页面需要一页一页地制作，修改其中的文字，设置文字的动画和播放时间。在制作好最后一页的时候，先添加一个编辑器外的素材（素材可任意添加，因为它不会展现在前端，主要起辅助的作用），设置动画结束后触发，自动跳转到下一页。我们先添加一个空白的第三页，然后回到第二页，把该元素设置成自动跳转到第三页（这一步触发可以最后设置），如图 6-75 所示。

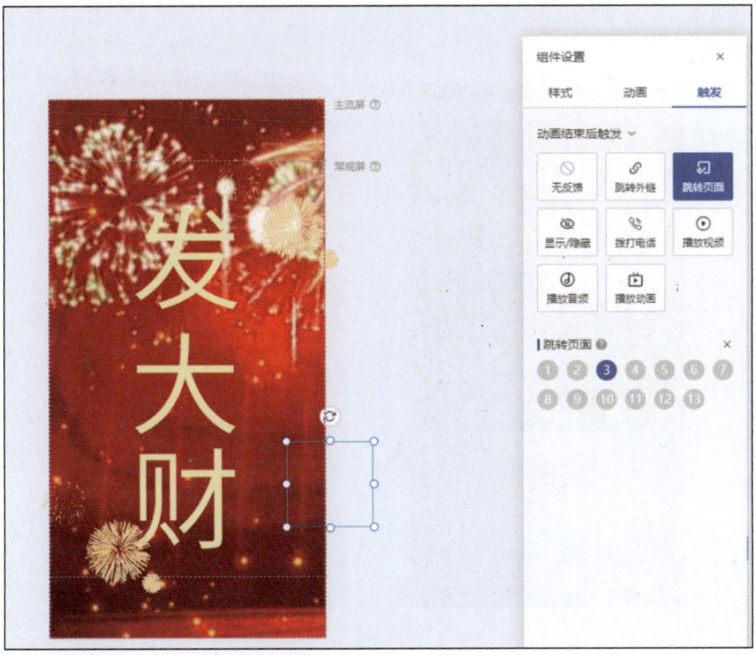

图 6-75

第四步 制作正文内容。第三页的内容是恭贺新年。我们先全选第一页的内容，将其复制、粘贴到第三页，再把关键性文字和主题删掉，最后根据自己的设计去设置第三页的排版。这里我们用上了自动识别微信头像和昵称的功能。先在组件里添加微信头像，然后根据作品整体风格调整头像样式、描边颜色、微信昵称的字体和颜色。调整好以后，把相关组件放到合适的位置，然后写上祝福的关键问候语即可。接下来的正文内容根据第三页的排版直接修改即可，如图 6-76 所示。第四页的红包组件直接从编辑器上方的组件中添加即可。

图 6-76

第五步 制作新年愿望页面。这个页面的整体排版和第三页的整体排版一样，我们直接通过复制第三页生成该页面，然后修改主题，添加弹幕组件。这个页面还用到了一个触发播放音效的功能，我们选择好自己所用的音效内容，直接添加触发里的播放音频功能即可，如图6-77所示。

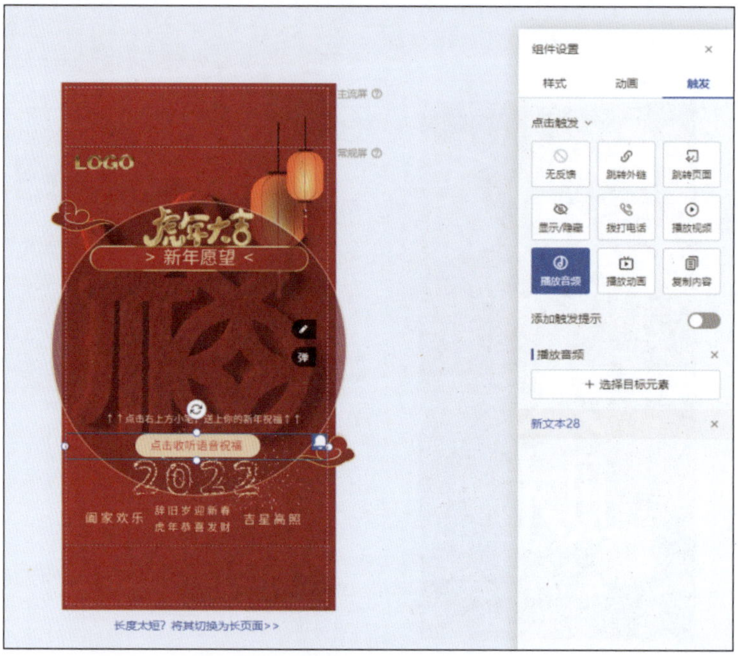

图6-77

第六步 设置音乐。我们需要挑选适合该作品的音乐，直接上传音乐或使用易企秀音乐库里的音乐，根据具体情况对音乐进行裁切，然后单击“确定”按钮即可。

第七步 设置标题及封面。根据以上正文内容排版制作好表单页面以后，整个作品的大部分内容就制作完成了。接下来就可以设置作品的标题、描述、封面图了。单击“预览和设置”按钮，在对应输入框中输入标题和描述，并设置好封面（封面需要使用正方形图片）。这里我们还可根据自身需要设置整个作品的翻页模式等。设置完成后，单击“发布”按钮，如图6-78所示。

图6-78

本案例效果如图 6-79 所示。

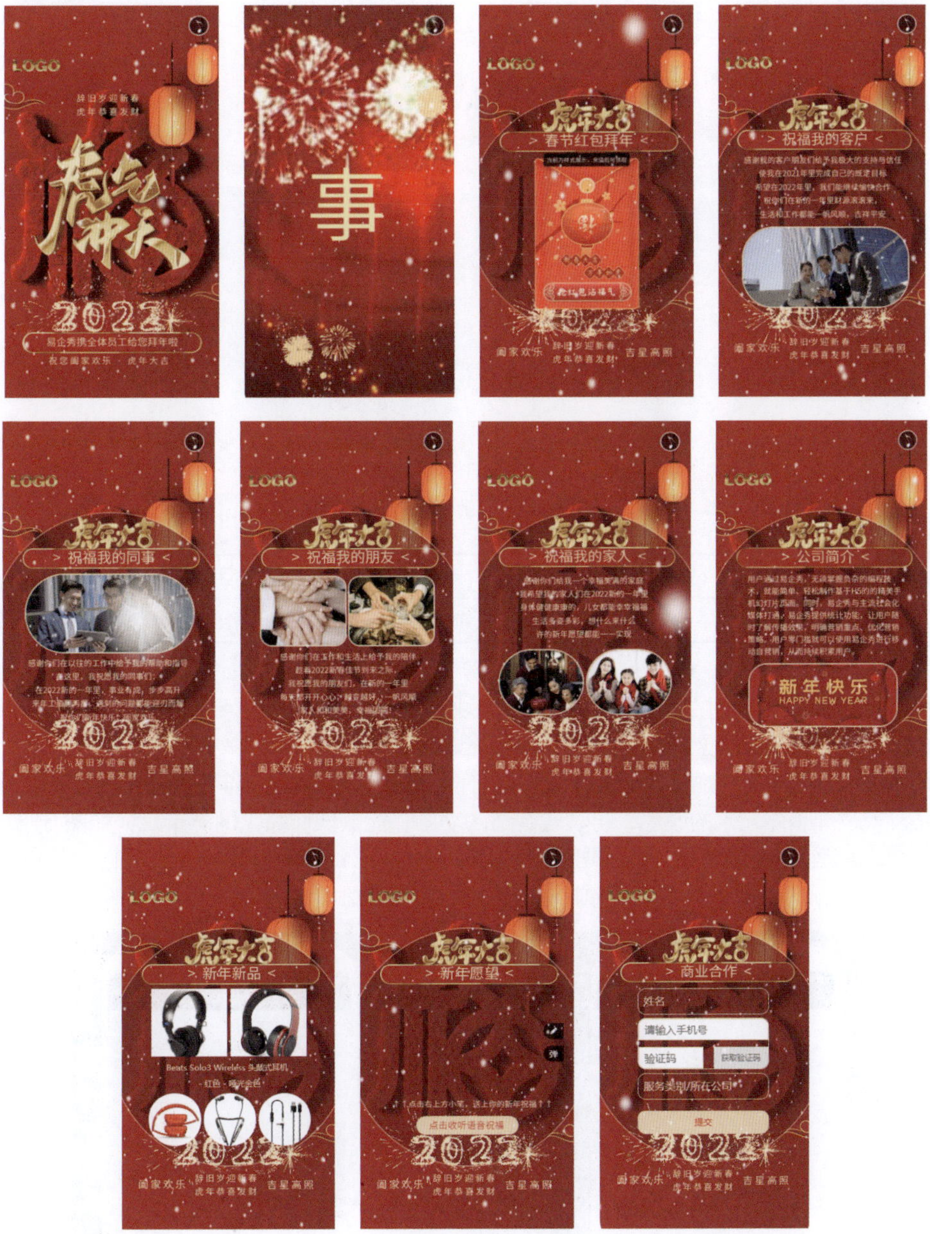

图 6-79

6.5 课后习题：制作清新淡绿色婚礼邀请函

本案例可应用于婚礼邀请函，运用了入场爱心动画特效、快闪、微信头像识别、弹幕、留言板、表单、拨打电话等功能。整体风格属于小清新简约风格。由于本案例作品内容以婚纱照为主，所以各个页面都使用以照片为主，文字、元素为辅的方式进行排版与布局。本案例效果如图 6-80 所示。

图 6-80

资源位置

素材位置	素材文件 >CH06>6.5 课后习题：制作清新淡绿色婚礼邀请函
视频位置	视频文件 >CH06>6.5 课后习题：制作清新淡绿色婚礼邀请函 .mp4

微课视频

设计要点

在风格上：本案例运用白色背景、淡绿色色块、小清新风格的花朵元素，搭配婚纱照，整体属于小清新简约风格，主要目的是凸显婚纱照。

在动画上：运用爱心动画特效入场。本案例作品是婚礼邀请函，选用爱心元素，并调整其透明度，为其设置适配整体元素的颜色，再设置合适的动画，能够使作品氛围感十足，如图 6-81 所示。

在创意上：运用快闪功能，搭配婚纱照，将快闪页面设置成幻灯片样式实现自动播放。本案例作品整体给人新颖的感觉，具有电影氛围感，如图 6-82 所示。

图 6-81

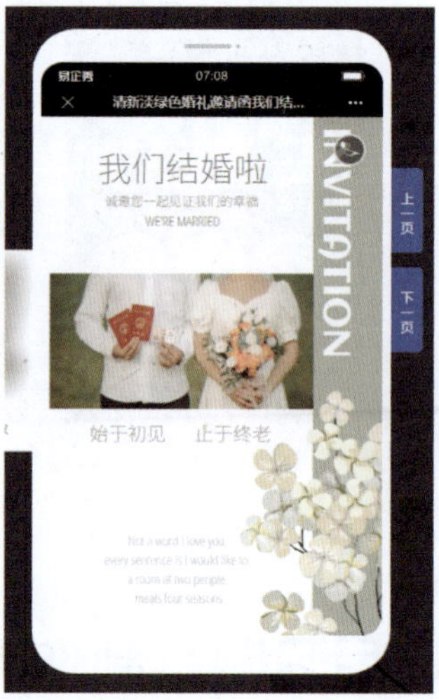

图 6-82

在内容上：制作了新娘页面、新郎页面、誓词页面、婚礼流程页面、婚纱照页面、邀请函内容页面，以及弹幕、留言板、打赏等功能。本案例作品可用作婚礼邀请函，在制作时，只需修改里面的图片和文字即可。

特殊组件：快闪、头像、打赏、表单、弹幕、留言板、拨打电话等。

本案例效果如图 6-83 所示。

图 6-83

第 7 章 H5 实战案例

本章用 4 个不同类型的综合实战案例，包含翻页型 H5、长页版 H5、动画型 H5、互动型 H5 的制作，帮助读者举一反三，将 H5 设计的知识加以巩固和内化，提高动手能力，激发创作灵感。

【本章学习任务】

练习企业宣传翻页型 H5 的制作。

练习长页版 H5 的制作。

练习炫酷动画型 H5 的制作。

练习触发答题互动型 H5 的制作。

7.1 实战案例：企业宣传翻页型 H5 的制作

本案例是大气红色鎏金风格的企业宣传画册，主题色为红色，采用能够提升整个画面质感的鎏金文字，运用快闪、触发、表单、地图等组件，定义明确，其中包含用于展示企业的一系列相关信息的页面，使用起来简单、方便、直观。本案例效果如图 7-1 所示。

图 7-1

资源位置

素材位置	素材文件 >CH07>7.1 实战案例：企业宣传翻页型 H5 的制作
视频位置	视频文件 >CH07>7.1 实战案例：企业宣传翻页型 H5 的制作 .mp4

微课视频

操作步骤

第一步 准备相关素材。首先在 PS 里制作好相关素材，进行栅格化或合并图层，保存为 PSD 源文件，上传到易企秀编辑器中。然后在 AE 里制作好动效鎏金文字，导出视频格式文件。这时候我们需要用 PS 把这个鎏金文字的视频格式的文件制作成 GIF 文件并导出。再将导出的 GIF 文件上传到易企秀编辑器中，并放到合适的位置。最后用易企秀自带的文本功能添加相关文案并进行内容排版。至此，我们基本上就把首页的所有相关素材准备好了，如图 7-2 所示。

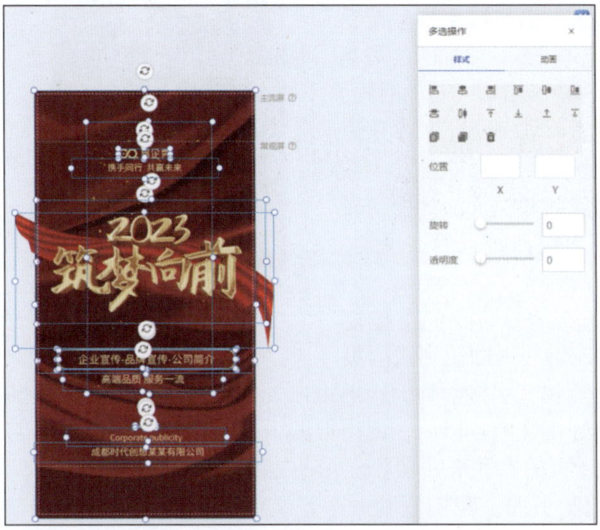

图 7-2

第二步 设置封面元素的动画。封面元素的动画需要从后到前，从底层到顶层，依次进行设置。我们可以根据自身喜好去设置时间，一般设置每个元素的间隔时间是 0.2s。从背景开始设置它的时间，一步一步根据图层的顺序去设置它们的动画及时间。把所有动画设置好以后，我们需要给这个作品添加一个 GIF 动效背景图片，以突出作品质感。本案例的背景图片是易企秀图片库里的 GIF 图片，在图片库里找到并添加一个 GIF 素材分类下的偏红背景即可，如图 7-3 所示。

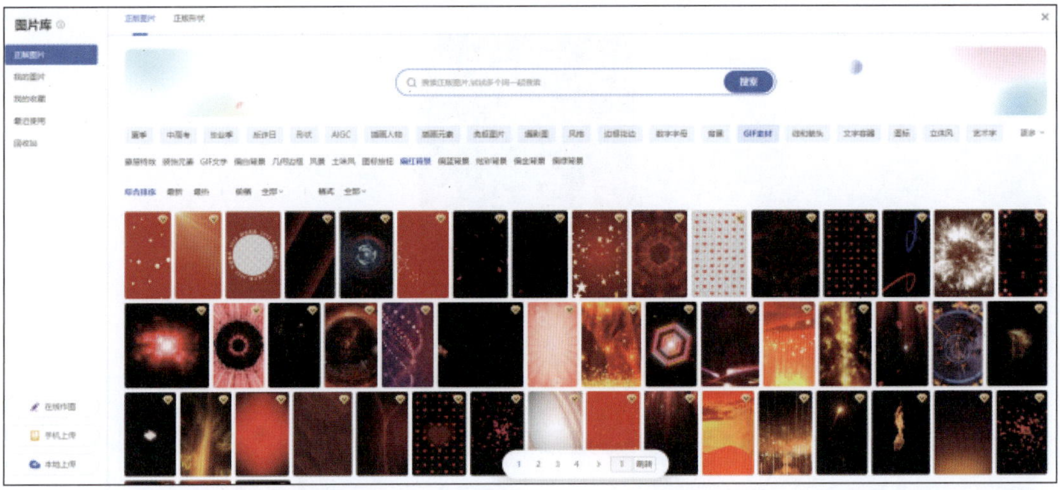

图 7-3

第三步 制作快闪页面。我们可以复制第一页生成第二页，然后把第二页中能选中的元素全部删除，留下的就是 GIF 背景图片。选择组件里的快闪，此时默认生成 3 个页面。将相关文案添加到页面中并做好排版。设置这些文案的动画，动画速度可快可慢，只需根据自身的制作习惯设置即可。制作好快闪第一页后，直接复制第一页生成第二页，然后修改第二页的文字内容和第二页文字元素的动画，接下来修改第三页、第四页、第五页……快闪页面都是通过直接复制前一页的内容然后修改文字重新设置动画生成的，因此要记得把默认添加的 2 个空白页面删掉。我们在制作快闪最后一页的时候，可以在编辑器空白处随意添加一个元素，并为它设置一个淡入动画，然后给它添加触发，触发设置为动画结束后触发跳转页面，如图 7-4 所示。也可以在把第三页制作好以后去设置，因为跳转页面要设置为下一页。

图 7-4

第四步 制作正文内容。我们直接复制封面，然后按住鼠标左键将封面拉到快闪页面后的一页，把主体元素和文字移动到编辑器空白处，再进行正文内容的排版。排版好以后，设置正文内容的动画。制作好正文内容以后，记得把编辑器空白处的所有元素删掉，然后根据自己的需要，通过复制、粘贴上一页的内容来生成下一页的内容，并进行相应的修改，如图 7-5 所示。

第五步 制作地图页面。我们复制一个正文内容页面，生成新的一页后将正文内容删掉。在编辑器组件里选择地图组件并添加，然后修改地图的具体地址，这个地址需要做到准确无误，

默认使用腾讯地图展示地址。在地图组件下面添加公司的基本信息，如图 7-6 所示。

图 7-5

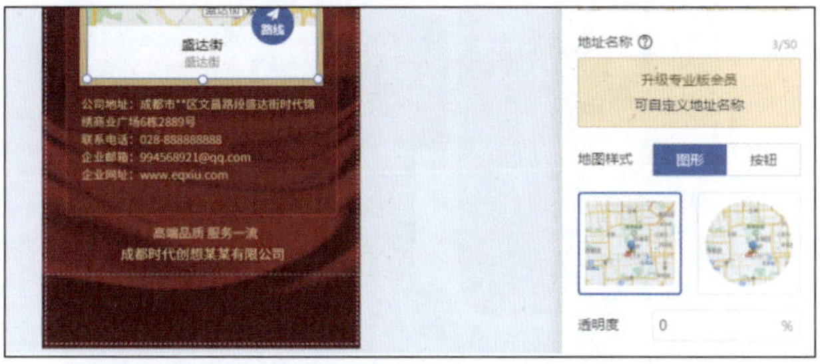

图 7-6

第六步 制作表单页面。通过直接复制上一页的方式去生成新的页面，然后在新页面中添加表单组件以制作表单页面。注意，为防止用户在前端填写了格式不正确的内容而无法提交表单，可以统一把它设置成文本类型的表单内容，如图 7-7 所示。也可以根据姓名、手机号等去设置对应类型的表单，但是一定得保证用户填写的格式准确，不然就提交不了。对于这里的手机验证码的表单，我们可以使用普通的手机表单，也可以使用手机号验证组件。该组件能保证用户填写手机号的准确性，但是我们需要充值才能使用，所以可以根据需要去设置。

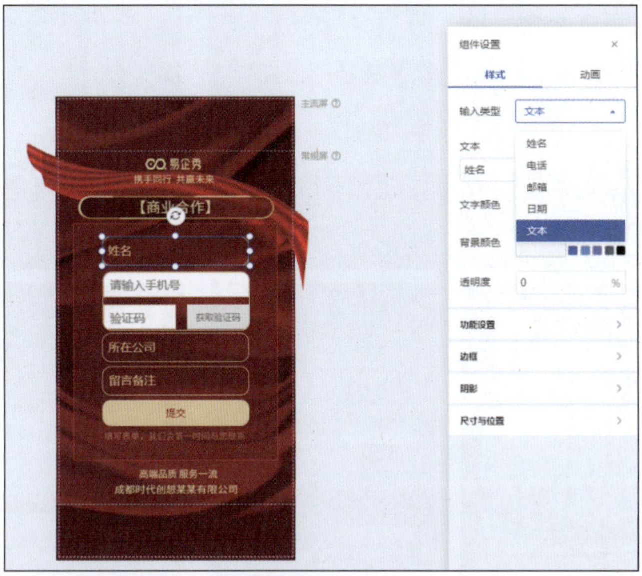

图 7-7

第七步 添加音乐，设置标题及描述、发布。我们制作好作品内容以后，需要为作品添加一个合适的、大气的音乐，可以直接在易企秀音乐库里选择恰当的音乐，也可以自行上传音乐。设置完成后，设置标题及描述。设置好相关信息以后，直接单击“发布”按钮即可发布作品，如

图 7-8 所示。发布作品并不意味着别人就能看到作品，这里发布的作用和保存的作用一样，我们制作的内容确定并发布保存，然后扫描二维码，就可以直接分享给别人了。

图 7-8

本案例效果如图 7-9 所示。

图 7-9

图 7-9（续）

7.2 实战案例：长页版 H5 的制作

本案例是一个长页版小清新奶茶店的开业活动宣传 H5。一页到底的展现方式，既直观又简单，能够把该展现的内容都展现出来。产品过多的行业的 H5 可选择长页版，从而使产品更好地呈现。本案例运用了地图和表单组件。本案例效果如图 7-10 所示。

图 7-10

资源位置

素材位置	素材文件 >CH07>7.2 实战案例：长页版 H5 的制作
视频位置	视频文件 >CH07>7.2 实战案例：长页版 H5 的制作 .mp4

微课视频

操作步骤

对于长页版 H5，我们可以在易企秀 H5 编辑器内制作，也可以直接使用长页版 H5，还可以转发长页编辑器版本的长页，如图 7-11 所示。

第一步 制作长页头图。我们在 PS 里制作好相关素材并生成 PSD 文件以后，直接上传 PSD 文件到易企秀编辑器中，再运用编辑器内的文本进行所有的排版处理，然后设置各元素的动画。长页的背景根据制作内容的长短向下拉动即可，如图 7-12 所示。

图 7-11

图 7-12

第二步 制作长页的正文内容。正文内容包括活动说明、产品展示等。可以直接在编辑器中编辑活动说明相关文字，再制作相关动画，可以为所有元素使用一样的淡入动画，也可以分别为不同元素设置动画。在设置动画的时候，我们需要保持动画的基本连贯性，不能把动画的延迟时间设置得太长，一般在 1s 以下即可。把一些重要产品提取出来进行展示，对相关图片和文字进行排版。正文内容如图 7-13 所示。

图 7-13

图 7-13（续）

第三步 制作地图和表单。长页添加地图的方式和 H5 的类似，直接在组件里选择地图并添加即可。但是在长页编辑器的页面内，组件功能在屏幕左侧。我们找到地图组件，直接添加即可，如图 7-14 所示。长页的表单组件也在页面左侧，对应添加即可，如图 7-15 所示。

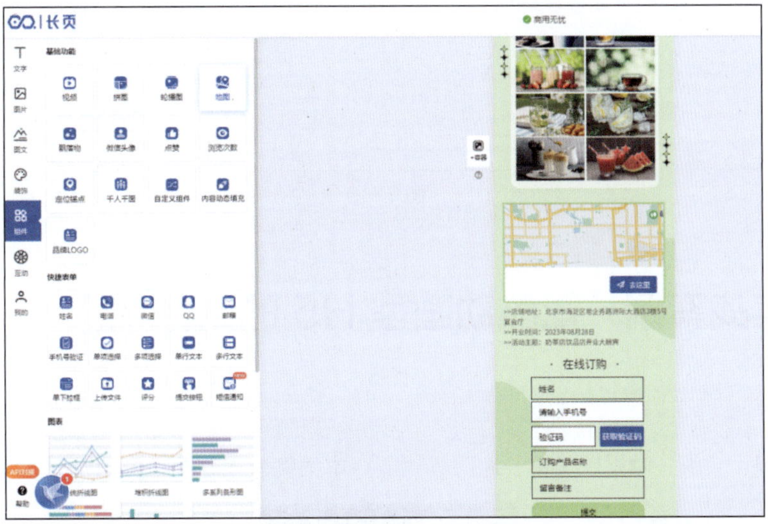

图 7-14

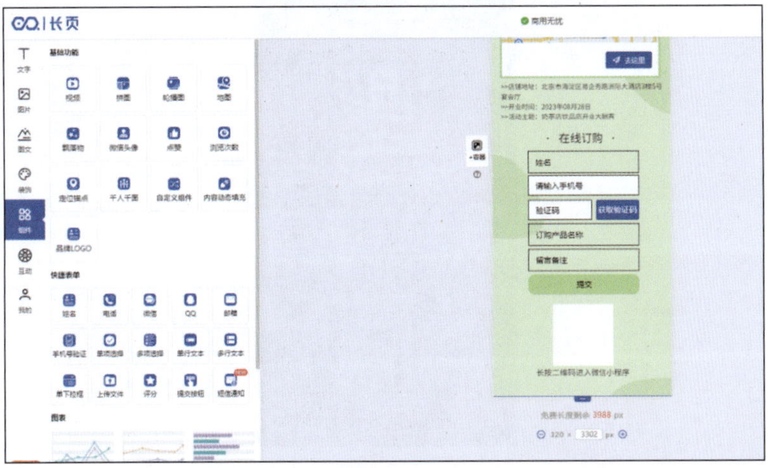

图 7-15

第四步 添加音乐，设置封面、标题及描述。我们把长页制作好以后，直接添加音乐，设置封面、标题、描述，设置好以后，发布即可，如图 7-16 所示。

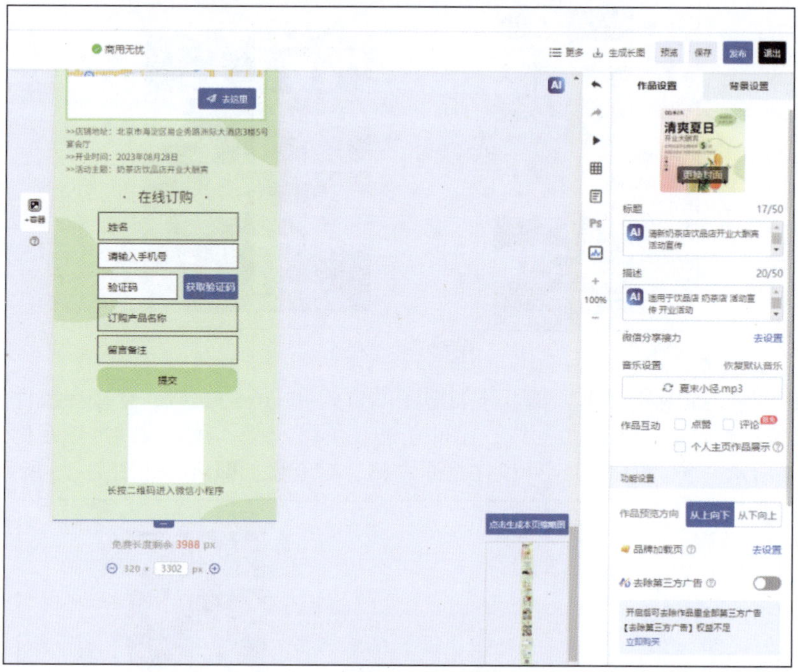

图 7-16

7.3 实战案例：炫酷动画型 H5 的制作

本案例是大气绿色鎏金风格的会议邀请函，整体颜色偏商务绿色，搭配红色绸带，用上动效鎏金主题文字，适合作为各类庆典活动、会议活动的邀请函。本案例作品内容丰富、排版简单明了，运用了快闪、头像、触发、表单、地图等功能。本案例效果如图 7-17 所示。

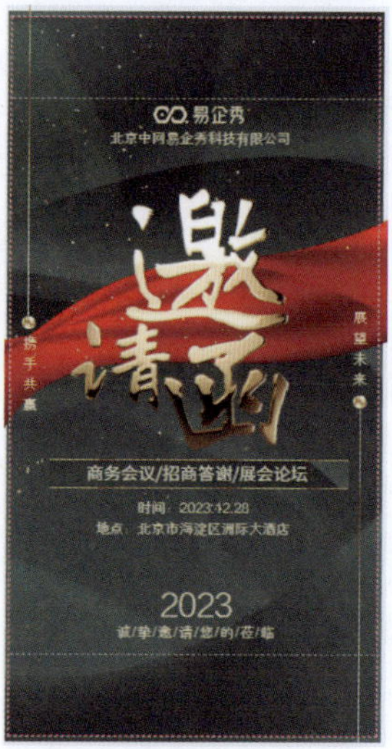

图 7-17

资源位置

素材位置	素材文件 >CH07>7.3 实战案例：炫酷动画型 H5 的制作
视频位置	视频文件 >CH07>7.3 实战案例：炫酷动画型 H5 的制作 .mp4

微课视频

操作步骤

第一步　制作相关素材。我们在外部 PS 里制作好相关素材并生成 PSD 文件，在本案例中要制作的是绿色背景和红色绸带。然后将 PSD 文件上传到易企秀编辑器中。接着在 AE 里制作好鎏金主题文字图片，将图片上传并插入易企秀编辑器的画布内。最后运用易企秀的文本组件制作好相关内容并进行排版，再为它们设置合适的动画，如图 7-18 所示。

图 7-18

第二步　添加 GIF 背景图片。本案例的 GIF 背景图片是易企秀编辑器自带的，我们需要去图片库里寻找 GIF 素材下适合该案例的绿色 GIF 背景图片，如图 7-19 所示。找到该图片以后，直接将其应用到背景上。

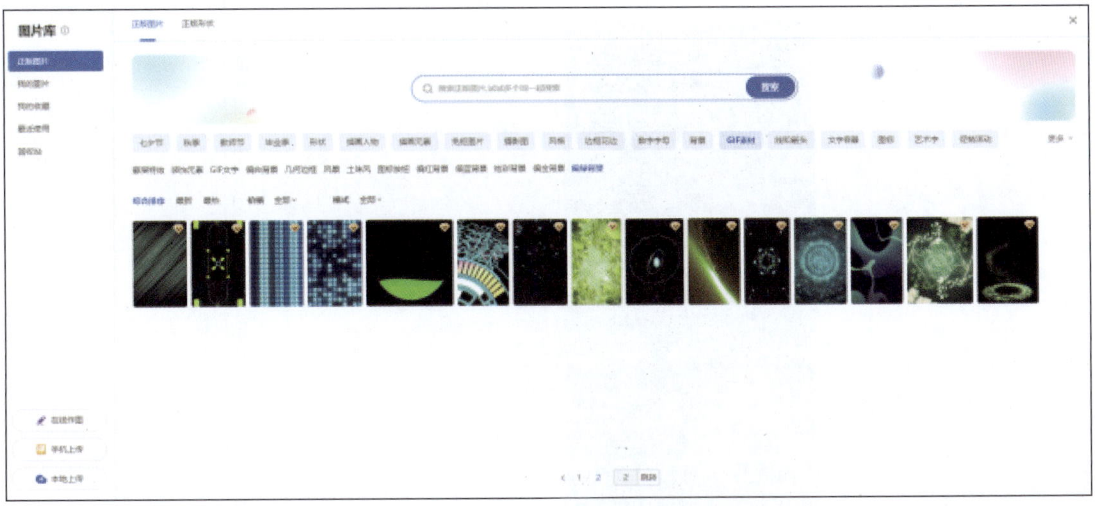

图 7-19

单击“背景应用于所有页面”按钮，如图 7-20 所示。然后调整刚刚上传的绿色 GIF 背景图片

的透明度（见图 7-21），从而使画面有一种波光粼粼的既视感。

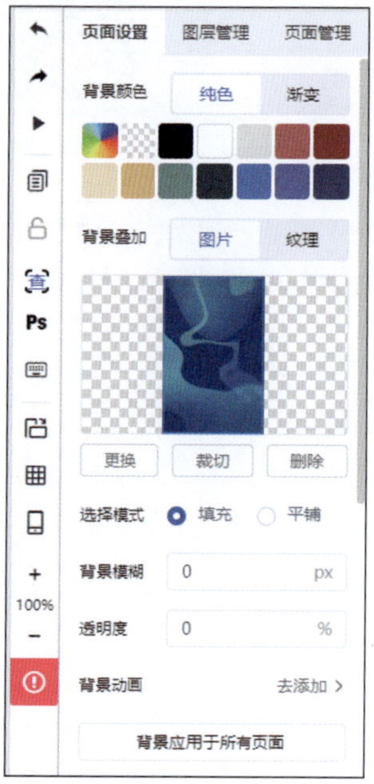

图 7-20

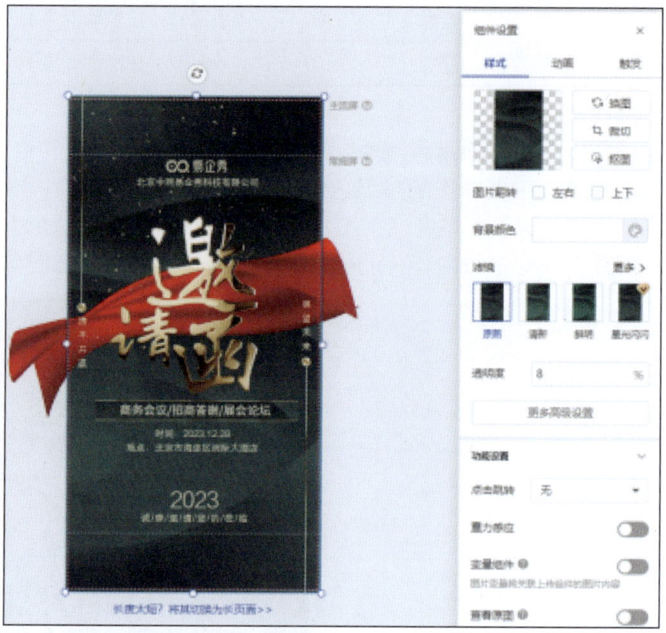

图 7-21

第三步 制作快闪页面。这里我们直接复制第一页生成第二页，然后删掉第二页中能选中的所有元素，接着添加一个快闪组件，默认添加 3 个页面。我们制作好第一页快闪页面的文案，调整好动画及时间，复制一个快闪页面，再修改文案，一步步根据自己的需要制作好相关动画及时间。在制作好最后一个快闪页面的时候，需要给它添加一个触发。本案例中直接增加了一个透明矩形框。等我们把第三页的内容制作好以后，就回到第二个快闪页面，把这个透明矩形框的触发设置为动画结束后跳转到第三页即可，如图 7-22 所示。

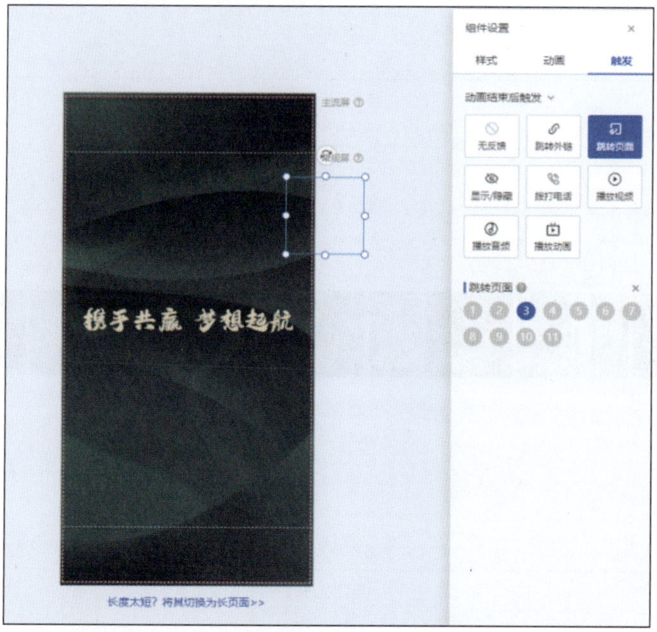

图 7-22

第四步　制作正文内容。邀请函的正文内容包括会议嘉宾、会议流程、组织机构、产品展示等。我们先添加一个空白页面（即第三页），然后回到第一页将能选中的所有元素复制、粘贴到第三页，再回到第一页单击“背景应用于所有页面”按钮，这样第三页的大体背景就制作完成了。接下来添加正文内容、小标题、输入框。这里是直接调用了第一页的副标题输入框，并将其放到合适的位置，做好排版、写上需要的文案内容、排好图片、添加动画，这样第三页大概就制作完成了。接下来的其他页面根据自己的内容去添加和排版即可。

第五步　制作登记表单。复制上一页，修改标题，添加组件里的表单。添加好以后，我们根据需要去选择姓名、电话、邮箱、文本等表单类型以设置输入框，如图 7-23 所示。这里的电话表单可以用手机号验证组件，该组件能提高表单用户填写内容的准确性，避免用户填写不正确的手机号，但是这个组件需要充值才能使用。把表单全部添加好以后，再添加一个提交按钮就完成了。

第六步　制作地图页面。复制上一页，修改标题，然后添加地图组件，设置准确的地址，再添加会议的相关信息即可。

第七步　制作尾页，添加音乐，设置标题及描述，保存并发布。在最后一页，我们可以放上自己或公司公众号的二维码，然后添加音乐，可以使用自己上传的音乐，也可以使用易企秀音乐库里的音乐。设置会议的基本标题和描述，保存并发布即可，如图 7-24 所示。

图 7-23

图 7-24

7.4 实战案例：触发答题互动型 H5 的制作

本案例整体采用扁平化炫彩风格，运用答题功能引起用户共鸣，找到用户痛点，直击主题，互动性强，实用性广。本案例用开头的题目引出公司招聘信息，方式新颖，创意十足。本案例效

果如图 7-25 所示。

图 7-25

资源位置

素材位置	素材文件 >CH07>7.4 实战案例：触发答题互动型 H5 的制作
视频位置	视频文件 >CH07>7.4 实战案例：触发答题互动型 H5 的制作 .mp4

微课视频

操作步骤

第一步 制作相关素材和答题页面。在 PS 里制作好大致素材，并对其进行排版，生成 PSD 文件，将 PSD 文件上传到易企秀编辑器内，然后根据思路制作答题页面，为素材设置动画。这里我们制作了 5 个答题页面，先在第一页对问题和答案进行排版，后面的页面通过复制上一页并修改其中的问题和答案来生成。制作好所有答题页面以后，给最顶层的文字图层设置触发，这里我们设置的是点击触发、跳转页面，只需根据答案设置好对应的页面即可，如图 7-26 所示。

第二步 制作封面主题页面。在把所有答题页面制作好以后，需要通过答题页面引出公司招聘的基本信息和主题。可以直接在 PS 中制作 PSD 源文件并上传，也可以复制上一页并修改其中的内容，因为这些页面中大体元素是相同的，只是排版和内容不同。制作好公司招聘的基本信息和主题内容以后，设置相应的动画。制作好封面页以后，回到上一页的单击跳转触发的元素上，给它设置跳转到封面页的触发，如图 7-27 所示。这样就可以很连贯地，根据用户答题的效果去跳转到相应的页面。

第三步 制作相关正文内容。我们制作好封面页以后，接下来需要制作的页面就都是关于公司信息介绍，如公司招聘信息、职位薪资待遇等内容。直接复制封面页生成正文内容页面，做好正文内容的排版，写好标题，排好相关的图文内容，设置好各内容的动画，所有的正文内容页面都是通过先复制上一页再修改标题和图文的方式生成的。

第四步 制作地图页面和表单内容。复制上一页生成新的页面，修改标题。直接在编辑器组件里找到并添加地图组件。添加好地图组件以后，根据公司准确的地址信息去设置地图。表单页面的设置方式与地图页面的设置方式一样，直接复制上一页生成新的页面，修改标题，在编辑器组件里找到相关表单内容并添加，然后修改收集的相关信息格式即可。

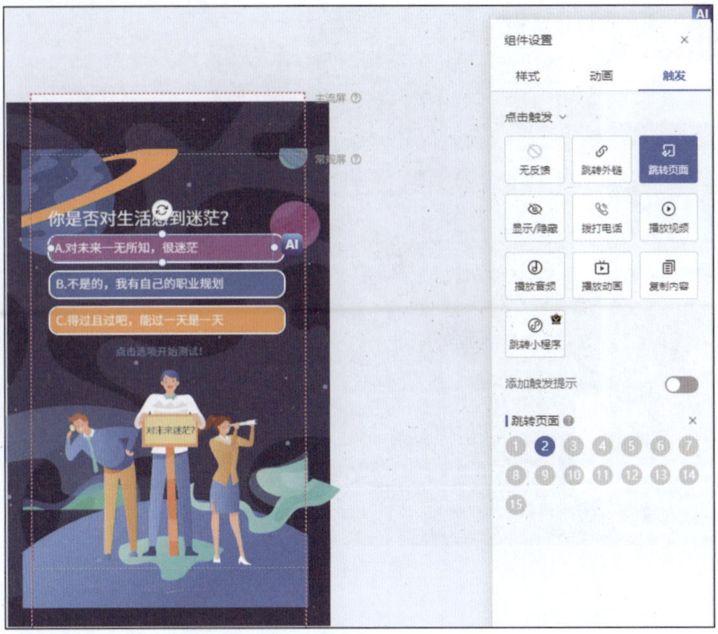

图 7-26

图 7-27

第五步 制作尾页，添加音乐，设置标题、描述及封面，保存并发布。复制表单页面，修改标题。上传自己的二维码图片，将其放到合适的位置，添加相关文字内容，设置动画。然后单击编辑器上方的“音乐”打开音乐库，给作品添加一个合适的音乐，可以使用自己上传的音乐，也可以直接使用音乐库里的音乐。接着单击“预览和设置”按钮，打开“分享设置”对话框，给整个作品设置标题和描述。将合适的图片设置为封面，注意最好使用正方形图片，图片能够展示作品的相关信息即可，如图 7-28 所示。然后保存并发布作品。

7:08
易企秀
创意答题模式招聘宣传
你是否对生活感到迷茫?
A.对未来一无所知，很迷茫
B.不是的，我有自己的职业规划
C.得过且过吧，能过一天是一天
上一页
下一页
全面屏
常规屏
分享设置
标题
创意答题模式招聘宣传
10/24
描述
创意 答题模式 招聘宣传
12/30
更换封面
浏览样式
展示智能名片（头像）
点赞
评论
分享样式
设置微信分享时样式
去除第三方广告
开启后可去除作品里全部第三方广告
【去除第三方广告】权益不足 立即购买
去除易企秀标识
开启后可去除作品里尾页、底标等全部易企秀标识
【去除易企秀标识】权益不足 立即购买
加入易企秀助力曝光计划
作品设置
翻页方式
上下翻页-常规 去修改
禁止滑动进入下一页
循环播放
自动播放
显示页码
升级VIP -->
添加红包
可在作品中添加红包，也可针对作品的【表单提交】等用途添加红包，助力传播效果提升
图 7-28